微信公众平台与小程序开发

从零搭建整套系统

（第2版）

张剑明 著

人民邮电出版社

北京

图书在版编目（CIP）数据

微信公众平台与小程序开发 ：从零搭建整套系统 / 张剑明著. -- 2版. -- 北京 ：人民邮电出版社，2019.8（2022.6重印）
ISBN 978-7-115-50894-2

Ⅰ. ①微… Ⅱ. ①张… Ⅲ. ①移动终端－应用程序－程序设计 Ⅳ. ①TN929.53

中国版本图书馆CIP数据核字(2019)第037748号

内 容 提 要

本书系统全面地介绍了微信公众平台与小程序开发的各方面知识。全书由4个部分组成，第一部分从微信公众平台的基础知识入手，在阐述微信开发环境与相关技术的同时，介绍常用的调试方法及工具。第二部分主要介绍微信网页开发的原理与流程，并对微信支付和微信登录技术进行了分析。第三部分对微信小程序的架构进行了分析。第四部分介绍了 echo server 程序、公众号智能小助手、小程序人脸识别案例，并围绕如何搭建一个具有独立域名的博客站点讲解服务器运维的相关知识。

本书适合 Web 前端开发工程师、后端开发工程师以及具有一定程序开发基础的技术人员阅读，本书也可作为培训班教材使用。

◆ 著　　　　张剑明
　责任编辑　陈聪聪
　责任印制　焦志炜

◆ 人民邮电出版社出版发行　　北京市丰台区成寿寺路 11 号
　邮编　100164　　电子邮件　315@ptpress.com.cn
　网址　https://www.ptpress.com.cn
　涿州市京南印刷厂印刷

◆ 开本：720×960　1/16
　印张：16.75　　　　2019 年 8 月第 2 版
　字数：280 千字　　　2022 年 6 月河北第 6 次印刷

定价：69.00 元

读者服务热线：(010)81055410　印装质量热线：(010)81055316
反盗版热线：(010)81055315
广告经营许可证：京东市监广登字 20170147 号

前言

PREFACE

为什么要写这本书

“再小的个体，也有自己的品牌”，这是微信公众平台官方页面的一句标语。腾讯微信团队于 2012 年推出公众平台，在经历雨后春笋般的蓬勃发展后，微信公众平台已演变为自媒体平台，越来越多的产品通过公众号来实现其线上的传播和营销。微信公众平台成为初创型企业快速验证商业模式的首选。小程序发布后，通过不断地打磨和生态完善，也在逐步赢得市场和大众的认可。

如果说微信是一棵树，那么它俨然是一棵参天大树。微信以社交为基石孕育出无限的想象空间，而支付、小程序、搜索以及游戏，则是这棵大树结出的累累果实，这些与每个用户息息相关的高频使用业务让“微信，是一个生活方式”这句口号变得更加丰满。微信互联网的时代已经到来。

微信公众平台对任何人来说都是一个机会。正如微信之父张小龙所言：“你如何用微信，决定了微信对你而言，它到底是什么。”和大家一样，我也是在微信公众平台刚推出不久就加入到了探索的行列。小程序刚推出的时候，我第一时间进行开发实践。本书的绝大部分内容都是我在工作中的积累，并已经应用到实际的项目中，得到了良好的验证。也有一部分是我在工作之余的兴趣创作，例如本书案例中介绍的公众号智能小助手以及人脸识别的小程序。

在接下来的时间里，我会继续关注并探索与公众平台相关的演进和技术，希望能给大家带来更多干货，实实在在地帮助到大家。

如何阅读这本书

本书从逻辑上可以分为四大部分。

第一部分为第 1 ～ 4 章，主要介绍与微信公众平台开发相关的基础理论知识，包括开发环境和开发框架的搭建、常用调试工具使用详解等。这一部分可以帮助读者了解公众号开发的背景知识，为阅读后续的章节打下基础。如果读者对这部分内容已经较为熟悉，可选择性阅读。

第二部分为第 5 ～ 7 章，这是本书的核心内容，主要提供微信公众平台开发过程中涉及的常见问题的解决方案，包括微信网页授权、微信支付和微信登录。在讲解原理的过程中我会结合实际代码来帮助读者掌握这部分内容。

第三部分为第 8、9 章，主要介绍微信小程序的相关理论知识，包括对微信小程序的行业介绍、开发工具的使用等。另外，这部分内容也对微信小程序开发框架的底层实现原理进行了剖析，让读者对微信小程序有一个较为深入的理解。

第四部分为第 10 ～ 13 章，这是案例实践部分，讲解了如何接入公众号开发模式，向读者展示了一个公众号的开发过程，并结合时下流行的人脸识别技术，开发了一个人脸识别小程序。第 13 章介绍了如何从零开始搭建站点及日常服务器运维。掌握了这部分内容之后，读者就可以独立完成一个逻辑复杂的公众号或小程序开发了。

勘误和交流

本书在第 1 版的基础之上进行了部分内容勘误，并参照微信官方的文档，更新了部分 API 接口及相关内容。但是，即便如此，书中也难免会有一些错误或者更新不及时的地方。如果遇到和微信官方文档不一致的地方，请以官方文档为准。在此，我恳请读者朋友们批评指正。我建立了一个 QQ 群（141927779），欢迎读者加入该群进行交流。大家也可以通过电子邮箱（hellocpp@foxmail.com）和微信号（hellojammy）与我联系。期待和大家的交流，也衷心希望本书能对大家有所帮助。

书中的所有源代码都可以在作者的个人博客中下载。

致谢

感谢微信团队的伟大创新，让我们的生活方式发生了改变。

感谢我的家人，特别是我的妻子，撰写本书占用了我不少本该陪伴她的时间，感谢家人给我的支持和鼓励！

资源与支持

本书由异步社区出品，社区（https://www.epubit.com/）为您提供相关资源和后续服务。

提交勘误

作者和编辑尽最大努力来确保书中内容的准确性，但难免会存在疏漏。欢迎您将发现的问题反馈给我们，帮助我们提升图书的质量。

当您发现错误时，请登录异步社区，按书名搜索，进入本书页面，单击“提交勘误”，输入勘误信息，单击“提交”按钮即可。本书的作者和编辑会对您提交的勘误进行审核，确认并接受后，您将获赠异步社区的100积分。积分可用于在异步社区兑换优惠券、样书或奖品。

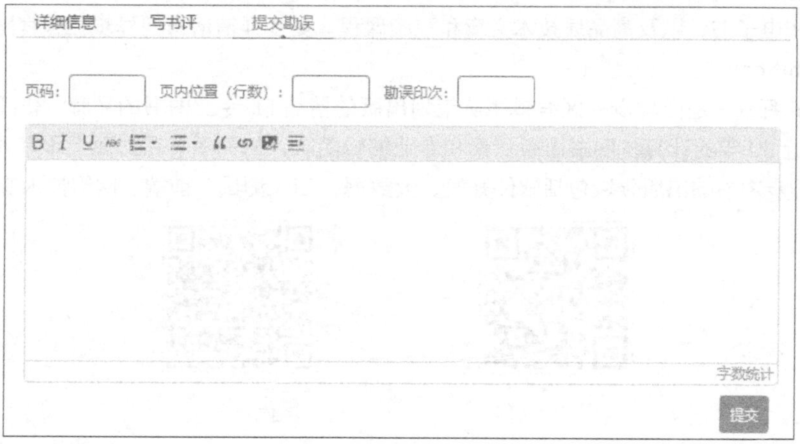

扫码关注本书

扫描下方二维码，您将会在异步社区微信服务号中看到本书信息及相关的服务提示。

与我们联系

我们的联系邮箱是 contact@epubit.com.cn。

如果您对本书有任何疑问或建议，请您发邮件给我们，并请在邮件标题中注明本书书名，以便我们更高效地做出反馈。

如果您有兴趣出版图书、录制教学视频，或者参与图书翻译、技术审校等工作，可以发邮件给我们；有意出版图书的作者也可以到异步社区在线提交投稿（直接访问 www.epubit.com/selfpublish/submission 即可）。

如果您是学校、培训机构或企业，想批量购买本书或异步社区出版的其他图书，也可以发邮件给我们。

如果您在网上发现有针对异步社区出品图书的各种形式的盗版行为，包括对图书全部或部分内容的非授权传播，请您将怀疑有侵权行为的链接发邮件给我们。您的这一举动是对作者权益的保护，也是我们持续为您提供有价值的内容的动力之源。

关于异步社区和异步图书

“异步社区”是人民邮电出版社旗下 IT 专业图书社区，致力于出版精品 IT 技术图书和相关学习产品，为作译者提供优质出版服务。异步社区创办于 2015 年 8 月，提供大量精品 IT 技术图书和电子书，以及高品质技术文章和视频课程。更多详情请访问异步社区官网 https://www.epubit.com。

“异步图书”是由异步社区编辑团队策划出版的精品 IT 专业图书的品牌，依托于人民邮电出版社近 30 年的计算机图书出版积累和专业编辑团队，相关图书在封面上印有异步图书的 LOGO。异步图书的出版领域包括软件开发、大数据、AI、测试、前端、网络技术等。

异步社区　　微信服务号

目录

CONTENTS

第一部分

第 07 章 微信登录

第三部分

第 08 章 初识微信小程序

第 09 章 小程序架构分析

第四部分

第 10 章 案例：第一个 echo server 程序

第一部分

第 01 章 微信互联网

1.1 微信，是一个生活方式

截至 2018 年 9 月 30 日，未经审核的 2018 年第三季度综合业绩报告中的经营数据显示，腾讯 QQ 的月活跃账户数为 8.03 亿人次，智能终端月活跃账户数为 6.98 亿人次，而微信和 WeChat 的合并月活跃账户数达到 10.83 亿人次。

早在 2010 年，腾讯广州研发中心产品团队便在张小龙的带领下，开始着手微信的研发。张小龙此前曾经开发过 Foxmail 和腾讯七星级产品 QQ 邮箱，这两款产品颇受业界好评。这一次，微信成为张小龙的又一力作。

2011 年 1 月，微信发布针对 iPhone 用户的 1.0 测试版（见图 1-1），并通过 QQ 账户体系来导入好友关系链，快速拥有了微信的第一批用户。通过 QQ 来导入用户，是一个非常明智的选择，也是腾讯经营社交产品多年厚积薄发的最好印证，这更是令其他互联网企业望尘莫及且不可多得的资源。

图 1-1　微信 1.0 测试版截图（图片来自腾讯微信官网）

这里简单回顾一下微信的发展历史，如表 1-1 所示。

表 1-1　　　微信 iPhone 版本更新大事件

时间点	版本	主要功能特性
2011 年 1 月	微信 1.0	即时通信；分享照片；更换头像等简单功能
2011 年 5 月	微信 2.0	语音对讲功能，该功能的发布使微信的用户有了显著增长
2011 年 8 月	微信 2.5	查看附近的人，再次引爆用户增长
2011 年 10 月	微信 3.5	极具创造性和趣味性的“摇一摇”，增加微信社交属性
2012 年 4 月	微信 4.0	新增相册功能，并可以把图片分享至朋友圈，使得用户黏度大大增加
2012 年 7 月	微信 4.2	视频聊天；网页版微信，开拓桌面市场，影响运营商业务
2013 年 2 月	微信 4.5	实时对讲，多人实时语音聊天；进一步丰富“摇一摇”及二维码功能
2013 年 8 月	微信 5.0	银行卡绑定，可使用微信支付；表情商店
2014 年 1 月	微信 5.2	位置共享；“我的银行卡”中新增多项生活服务；聊天记录搜索；语音转文字
2014 年 8 月	微信 5.4	查看图片时可以识别图中二维码
2014 年 9 月	微信 6.0	小视频；微信卡包
2015 年 5 月	微信 6.2	聊天记录迁移；朋友圈文字翻译
2016 年 12 月	微信 6.5	可以在朋友圈分享相册中的视频；选择照片时可以进行简单的编辑
2017 年 1 月	微信 6.5	面对面红包，通过二维码给身边的人发红包

续表

时间点	版本	主要功能特性
2017年5月	微信6.5	聊天内容可按文件、图片、链接类型查找
2017年12月	微信6.6	主界面新增任务栏，下拉可找到用过的小程序
2018年1月	微信6.6	支持微信账号切换，“发现”页支持自定义显示项
2018年4月	微信6.6	可保留未编辑完的朋友圈
2018年5月	微信6.6	扫一扫可拍照翻译整页中英文；把浏览的文章缩小为浮窗
2018年6月	微信6.7	可直接浏览订阅号的消息
2018年7月	微信6.7	可把常用的小程序添加到“我的小程序”
2018年8月	微信6.7	可使用英语和粤语进行语音输入；可在iPad上使用小程序
2018年9月	微信6.7	在表情面板拍摄自己的表情；可快速找到常读的订阅号
2018年12月	微信7.0	用“时刻视频”记录眼前的世界；界面全新改版；可在“看一看”中浏览好友认为好看的文章；在聊天详情页中，可以给单聊设置强提醒
2019年1月	微信7.0	解决已知问题

从微信的版本更新记录中可以看到，微信的每一次重大版本更新，都精准地把握住了用户的核心需求点。产品功能的不断更新迭代，让用户体验得到不断提高，一款互联网产品被打造得老少皆宜。

2012年，张小龙提出一个新观点：微信，是一个生活方式。下面详细回顾微信的发展历史，来了解这一理念是如何实现的。

2011年5月，微信2.0语音版全新发布，让聊天不再是单纯的文字，用户可以像打电话一样和朋友们交流。（多么高明的创新！从此，人们无论是走在大街上、坐地铁，还是排队，都可以拿起手机对讲）这个创新使人们可以随时随地通过语音进行交流。标志性的系统声音与功能界面已成为经典。

2011年年底，尤其是2012年的中央电视台春晚，“摇一摇”功能走进了用户生活。如今，它已经成为微信拥抱O2O的主要互动方式（如摇优惠、摇电视、摇周边）。

2012年年初的“相册”，让用户拥有了一个简单整洁的朋友圈。虽然现在的朋友圈仍然有广告出现，但是用户至少有一定的选择权——可以选择对某些广告“我不感兴趣”。

2012年7月，微信网页版（见图1-2）推出，微信从此进入桌面时代。之后还接连发布针对Windows版（见图1-3）和Mac版（见图1-4）的客户端微信。与手机端微信相比，PC端微信拥有除去“朋友圈”之外的绝大部分功能。这样，人们再也不用在上班时间盯着手机屏幕查阅微信消息了。

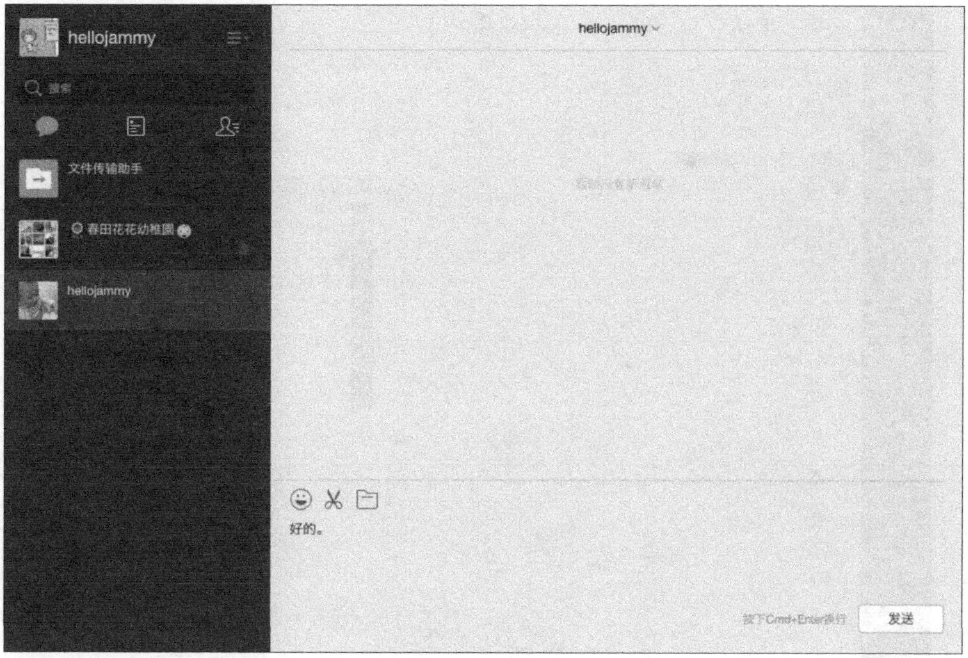

图 1-2　微信网页版

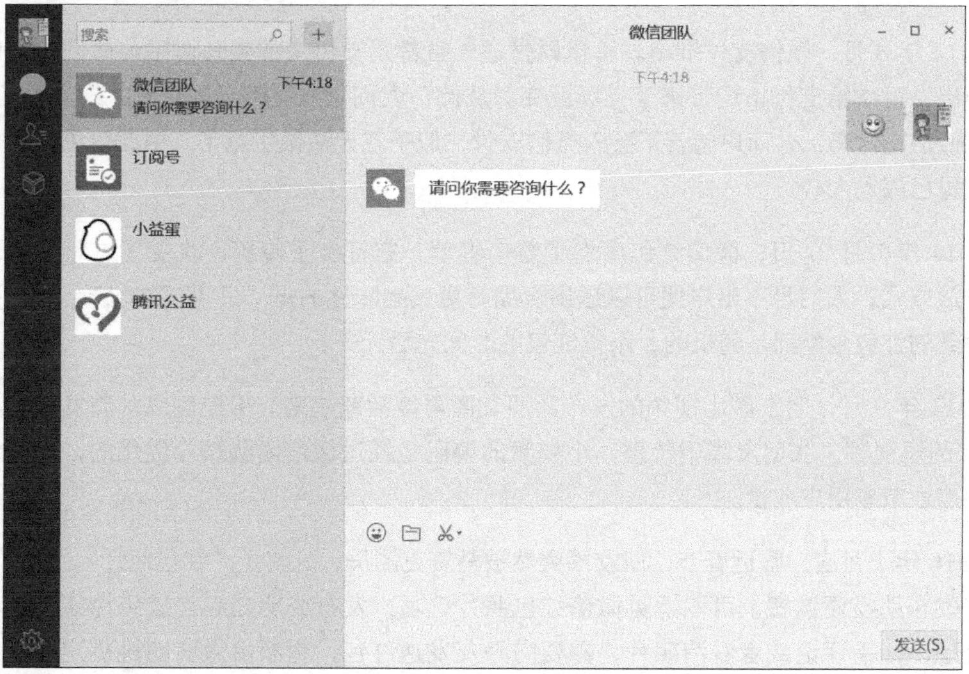

图 1-3　微信 Windows 版（微信 2.2.0.46）

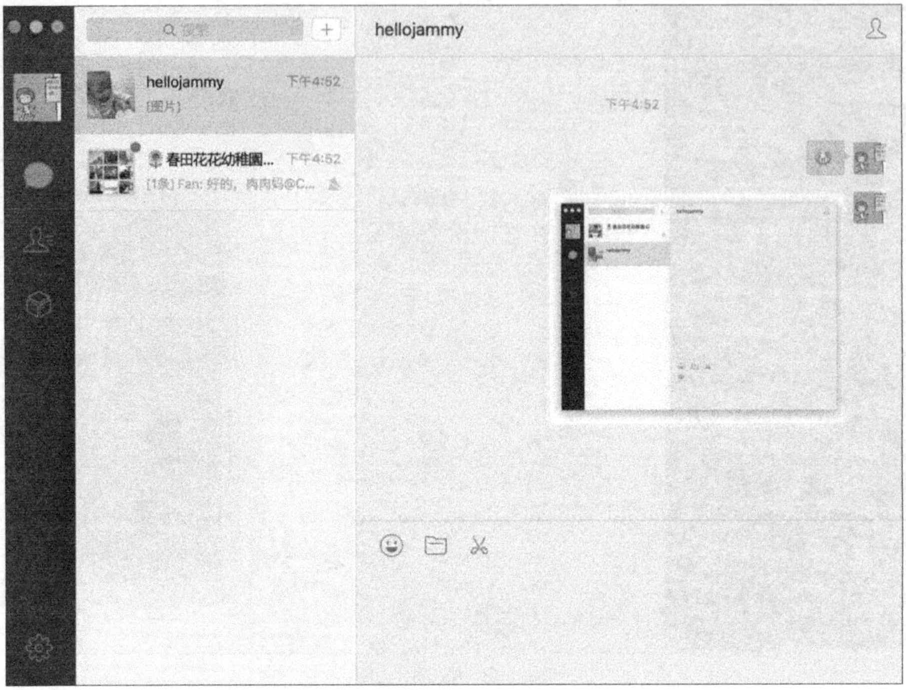

图 1-4　微信 Mac 版（微信 2.0.4）

2013 年 8 月，微信支付推出。腾讯财付通一直都是支付宝的强劲对手，微信支付的推出，再次给支付市场带来了一场巨变。从此，人们付账时都会问一句：“老板，可以微信支付吗？”商户倘若不接入微信支付，似乎就无法做生意了。由此可见，微信支付已深入人心。

2014 年 1 月 27 日，微信红包席卷了整个春节，它打破了传统，改变了过年红包的发放方式，人们足不出户便可以送出祝福。更具趣味性的是“拼手气红包”，每个人抢到的红包金额都是随机的，跟抢红包的时间先后无关。

2014 年 9 月，朋友圈小视频的发布让朋友圈再度活跃起来。用户可以录制发送一段 6s 的短视频，在朋友圈中传播。小视频的编码是经过微信团队精心优化的，能最大限度地节省用户流量。

2016 年 1 月底，临近春节，朋友圈突然被马赛克刷屏，这就是“红包照片”。用户单击发布朋友圈按钮，可以看见微信红包照片选项，发布成功之后，该照片将被模糊处理，如需评论或者看清照片，需要向好友发送红包，金额由微信随机决定。一时间，带有各种“我和我男朋友”“小时候的萌照”等标题的内容席卷朋友圈。需要说明的是，红包照片只可在特定时间使用。

2017 年 1 月，临近春节，微信红包又放出新玩法：面对面红包。发红包不再需要加好友或者建群，包好红包并出示二维码，大家就可以领取红包，这为 2017 年春节讨红包又增添了乐趣。

2017 年 12 月，微信小程序新增入口，下拉主界面任务栏即出现用过的小程序，同时新增了游戏类小程序。

2018 年 1 月，人们终于盼来了微信账号的切换功能，这对于有多个微信账号的用户来说省去了不少麻烦事。另外，“发现”页管理的功能也给用户提供了更多选择，用户可以自定义显示或隐藏某些功能入口，从此“发现”页返璞归真。

微信一次又一次的创新，给人们带来了惊喜和期待。如今，人们通过微信进行聊天、阅读、社交、购物，已经越来越离不开微信了。微信已经深入人心，融入到了生活的每个角落。这正是一个生活方式。

手机占据了人们越来越多的时间，每天只有 24 小时，除去睡觉和工作，陪伴家人和身边朋友的时间已经不多了。而在跟朋友一起吃饭时，在家人身边时，“低头族”们正沉醉在微信的世界里无法自拔。不敢想象没有了微信的生活会变成什么样。我曾经关闭朋友圈两个星期，其实并没有之前想象的那么糟糕，我的生活依旧，并且我跟家人、朋友有了更多的交流时间。假如一定要说失去了什么，那就是朋友圈的那些“八卦”：谁去哪里旅行了，谁去了哪家餐馆吃饭，等等。

1.2 微信公众平台

2012 年 8 月 23 日，微信公众平台正式上线。微信不再只是一个聊天工具，它正在缔造一个生态系统。

1.2.1 公众平台简介

“再小的个体，也有自己的品牌”这句标语让人们看到微信未来更多的可能。微信的亿级用户，具有极大的用户挖掘价值，也为这个新的平台增添了更加优质的内容，创造了更好的黏性，从而形成一个生态循环。

微信公众平台主要面向个体户、企业、政府、媒体、个人和组织。在这里可以通过渠道将自有品牌推广到线上平台。

公众平台账号分为 3 类。

1. 服务号

给企业和组织提供更强大的业务服务与用户管理能力，帮助企业快速实现全新的公众号服务平台。

2. 订阅号

为媒体和个人提供一种新的信息传播方式，构建与读者之间更好的沟通与管理模式。

3. 企业号

为企业或组织提供移动应用入口，帮助企业建立与员工、上下游供应链及企业应用间的连接。

这些官方说明听起来有点复杂，其实理解它们三者之间的区别，便可知何时、何种条件下应该使用哪种账号。

服务号，偏向于提供服务及互动（如查询服务、商品售卖），每个月可群发 4 条消息，推送的消息会直接出现在用户的聊天列表中。

订阅号，偏向于为用户传达资讯（类似于报纸），每天只可群发一次消息，推送的消息会置于“订阅号”文件夹中，需要用户进入文件夹查找订阅号，因此入口较深。

企业号，用于公司内部通信，需要验证用户为企业身份后才可关注。

1.2.2 服务号和订阅号

由上述可知，服务号侧重于提供服务和互动，订阅号侧重于提供简单的资讯。简单地说就是，服务号可以给用户提供更多、更丰富的内容和体验。当然，它们的申请门槛也不一样。

订阅号可通过微信认证资质，审核通过后有一次升级为服务号的机会，升级成功后类型不可变；服务号不可变更为订阅号。

另外，只有认证后的服务号才可申请微信支付。订阅号不可申请微信支付。微信公众平台高级模式中有编辑模式和开发模式两种。

1. 编辑模式

在此模式下，可以通过简单的界面逻辑来设置自动回复，服务号还有公众号底部自定义菜单功能。

2. 开发模式

在此模式下，开发者可以通过公众平台提供的接口，实现自动回复、获取订阅者、自定义菜单等。

编辑模式上手容易，不要求编写代码，响应速度快，不依赖于第三方开发者服务器。但是它的扩展功能有限，不能调用公众平台提供的九大高级接口，无法实现大部分定制化功能。因此，对于有开发能力的个人或企业，建议使用服务号来实现公司的核心业务功能，同时使用订阅号辅助来进行资讯推广，最大限度地利用微信公众平台的服务号和订阅号各自的优势，为企业发展提供有力保障。

关于公众号的注册数量，有一点需要特别补充说明：2018 年 2 月，微信公众平台发布公告，正式调整了公众号注册数量，个人号每人可申请的上限从之前的 5 个调整为 2 个，组织类每个主体可申请的上限由原来的 50 个调整为 5 个。另外，如果有多个账号需求，相应的个人和组织可发起申请流程，微信公众平台进行初审，并报互联网信息内容主管部门审批同意，则账号注册数量可得到适当放宽。

1.3 企业号

2014 年 9 月 18 日，微信企业号正式公测。微信企业号是一个互联网化连接器，它可以帮助企业实现业务及管理互联网化。

企业号可以帮助政府、企业及组织高效地构建自己独有的生态系统，随时随地连接员工、上下游合作伙伴及内部系统和应用，实现业务及管理互联网化。这些功能具体体现在以下 4 个方面。

1. 连接人与组织

通讯录可灵活地管理组织架构，连接员工和上下游；企业级的权限体系可支持层层授权的管理模式。

2. 连接微信能力

帮助用户构建基于微信的线上业务，通过扫一扫、摇一摇、支付和卡券将线上与线下进行连接，实现新的融合场景。

3．连接内部系统

企业号可作为移动应用入口，通过统一的身份认证，方便地连接内部系统和应用，消除信息孤岛现象。

4．连接第三方应用

企业号的开放生态吸引了大量的 SaaS 服务商和定制化服务商，用户可以方便地选择第三方应用和服务。

除此之外，企业号还提供可靠的安全保障以及丰富的功能体验，如企业通讯录、权限分级、统一的会话入口、自由收发消息、保密消息、应用定制、微信原生功能和安全开放的接口等。

1.4　企业微信

2017 年 5 月，微信宣布企业号升级为企业微信。企业微信继承原企业号所有功能并保留相关数据，而企业号管理后台被整合至企业微信管理后台进行统一管理。

微信早期推出的企业号是对 B 端企业市场的尝试，在企业号基础上继续推出企业微信，代表着微信进军企业市场的决心与信心。

我在体验企业微信后发现，企业号在企业微信中存在独立模块，名叫“微信插件”，如图 1-5 所示。新建“企业应用”，就相当于新建了一个企业号应用。“微信插件”可以不依托于企业微信 APP，加入企业后，可以在微信的“通讯录”→“我的企业”中进入企业以找到相应的企业号，并且可以在微信中接收企业通知，使用企业应用。

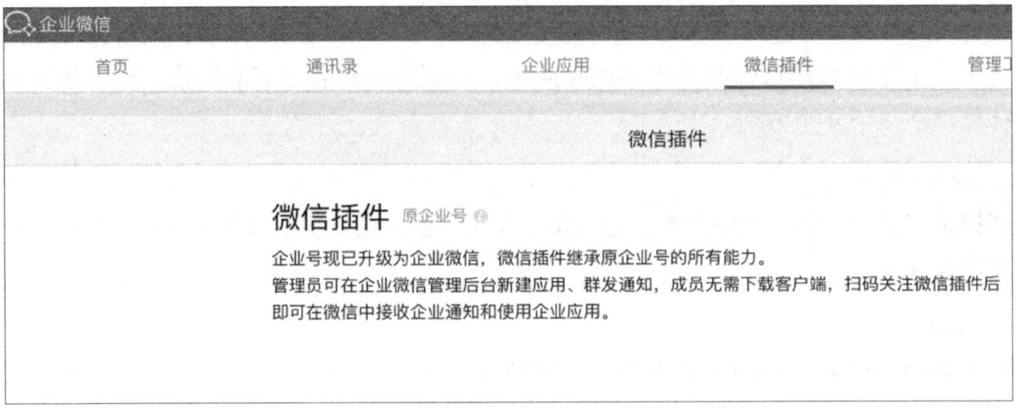

图 1-5　微信插件

1.5 小程序

2016 年 1 月 9 日，是应用号（小程序）的启动日。经过一年的不断改进，小程序逐渐地找到了自己的定位和形态。小程序于 2016 年 11 月开始公测。在同年年底的微信公开课上，张小龙宣布微信小程序的发布时间是 2017 年 1 月 9 日。从启动到发布，历时刚好一年。

小程序的设计目标主要是解决高频使用场景下的用户体验问题。小程序代表了一种表达方式，它是一种信息的载体。相对而言，其更多的场景代表了一种可触达性。

从技术实现的角度看，它不以 HTML 5 网页或 Hybrid 的形式存在。简单地说是，小程序是运行在微信这个应用之上的应用，它是订阅号和服务号的扩展。小程序可以使微信生态拥有更多的应用场景和服务入口。

1.6 微信开放平台

微信推出公众平台之后，又推出了开放平台。开放平台为第三方应用程序提供接口，可以将第三方内容分享到朋友圈和聊天会话中，以便更大范围地传播信息，其最大的优势是可以开通支付功能。

微信开放平台能在以下 4 类开发场景中应用。

1. 移动应用开发

允许移动应用支持微信分享、微信收藏和微信支付，使第三方应用和微信在一定程度上互联。

2. 网站应用开发

允许网站支持使用微信账号登录。用户只需用微信“扫一扫”功能便可实现登录，还可以在网站自有账户体系和微信账户之间建立连接关系。

3. 公众账号开发

微信公众号开发，可以为亿万微信用户提供便捷的服务。

4. 公众号第三方平台开发

公众号第三方平台，可以为广大公众号提供运营服务和行业解决方案。

微信开放平台主要面向 APP 开发者。通常是拥有了应用之后，通过开放平台将内容分享至朋友圈或发送给微信好友。例如，QQ 音乐 APP 的分享可直接发送到朋友圈（见图 1-6），或者是通过微信授权来登录 APP（见图 1-7）。

图 1-6　QQ 音乐分享至朋友圈和微信好友

图 1-7　QQ 音乐可以使用微信账号登录

1.7 微信支付

微信支付改变了人们的支付体验，让支付变得更加轻松。它是集成在微信客户端的支付功能，用户可以通过手机快速完成支付流程。微信支付以绑定银行卡的快捷支付为基础，向用户提供安全、快捷、高效的支付服务。

要接入微信支付，则公众号必须是认证的服务号，并且开通微信支付认证。

微信支付的支付模式主要有刷卡支付、扫码支付、公众号支付、H5 支付、APP 支付以及小程序支付。

1. 刷卡支付

刷卡支付，用户展示微信钱包内的“付款”给商户系统，扫描后直接完成支付，主要应用场景是面对面线下收银。

2. 扫码支付

扫码支付，商户系统按照微信支付相关协议生成支付二维码，用户使用微信“扫一扫”完成支付的模式。这种模式的主要应用场景有 PC 网站二维码支付、实体店单品或订单支付等。这种模式又称为 Native（原生）支付。扫码支付中用到的支付二维码寻找路径为“我”→“钱包”→“付款”，如图 1-8 所示。

图 1-8 扫码支付路径

3. 公众号支付

公众号支付，用户在微信中打开商户的 H5 页面，商户在页面中通过微信支付提供的 JSAPI 接口调用微信支付模块完成支付。主要应用场景包括：用户进入商户微信公众号，打开某个商品页面完成支付；用户通过好友分享的朋友圈、聊天窗口等入口获得购买链接，单击链接后打开页面完成支付；商户将商品页面转换成二维码，用户扫描二维码后在微信浏览器中打开页面后完成支付。

公众号支付依赖于微信浏览器环境的 JSAPI 提供的桥接支付模块。

4. H5 支付

H5 支付，商户在微信客户端之外的移动端网页展示商品或服务，用户在这些页面确认使用微信支付时，商户发起本服务响应微信客户端进行支付。

H5 支付主要用于触屏版手机浏览器请求微信支付的场景，用户可以方便地从外部浏览器唤起微信支付。不过，H5 支付模式的申请门槛较高。

另外，微信官方也不建议在 APP 端使用 H5 支付。我在实践中发现，iOS 和 Android 系统自带的浏览器以及主流浏览器（如 QQ 浏览器、UC 浏览器等）均支持 H5 支付，但在某些 APP 中使用 H5 支付会出现无法支持微信的异常情况。我推测可能是 APP 对 WebView 进行了限制，不支持 H5 支付的协议。

5. APP 支付

APP 支付，又称为移动端支付，是商户通过在移动端 APP 中集成开放 SDK，调用微信客户端的支付模块完成支付的模式。

6. 小程序支付

小程序支付，用户在微信小程序中使用微信支付的场景。

微信支付的六大支付场景，几乎涵盖了用户日常生活中的所有线上线下支付需求，为 O2O 行业的支付环节提供了有效的解决方案。

1.8 表情开放平台

微信表情开放平台，对所有人开放，只要设计的表情能让大家在聊天时开怀大笑，就有机会登上微信客户端，获得亿万微信用户的关注。按照一定的规范，表情在制作完成后会经过审核，通过之后便可以供大家下载使用。用户下载表情时，如果觉得满意，还可以使用微信支付“赞赏”作者，让作者的付出得到回报。

1.9 微信广告

2015 年 1 月，朋友圈出现了第一批商业广告，如图 1-9 所示。微信试图重新定义社交广告，让广告成为生活的一部分。

微信广告目前有朋友圈广告和公众号广告两种方式。

朋友圈广告基于微信公众号生态体系，以类似朋友的原创内容形式进行展现，在基于对微信用户画像进行精准定向的同时，通过实时社交混排算法，依托关系链进行互动传播。这是一种比较有趣的广告呈现方式，出现在朋友圈的广告，大家可以自由评论。这种新颖的呈现方式，让广告的内容成为一个大家热议的话题。再加上朋友圈广告的精准投放，让产品、内容、服务这些身边的事物，出现得恰到好处。

除此之外，微信广告还会出现在公众号内，可以用于推广微信卡券、增加粉丝等。

图 1-9　朋友圈广告

1.10 微信互联网

纵观互联网发展史，从早期的 PC 互联网到移动互联网历经了将近 20 年的时间，而移动互联网发展到今天也超过 10 年了。在移动互联网时代，入口为王，入口即流量，拥有了入口，就意味着拥有了移动互联网的“船票”，而微信就是腾讯拿到的一张移动互联网“船票”。

2018 年年初，微信及 WeChat 的合并月活量已超过 10 亿，微信俨然成为了一个超级入口、一个物联网的入口 ID。微信可以满足用户对未来智能生活的绝大部分需求，微信互联网的时代已经到来。如果说微信是一棵树，那么它俨然是一棵参天大树。微信以社交为基石孕育出无限的想象空间，而支付、小程序、搜索以及游戏则是结出的累累果实，这些与每个用户息息相关的高频使用业务让“微信，是一个生活方式”变得更加丰满。

1.11 小结

本章围绕微信生态展开讨论，介绍了微信生态的公众平台（服务号、订阅号和小程序）、微信开放平台和微信支付等主要组成部分。微信已经不再是一个简单的手机应用，它正在改变着人们的生活方式，正在成为一个重要的链接器，微信互联网的时代已经到来。第 2 章将开始讲解微信公众号开发的相关技术内容。

第 02 章 准备工作

本章主要介绍微信公众平台前后端开发环境的搭建和涉及的主要技术点，并介绍一个基于 PHP 的公众号开发框架。本章有较多概念性的知识，如对本章内容已经有所了解，可直接进入其他章节的阅读。

2.1 开发环境

软件开发环境是指为支持软件开发而使用的一组软件，它由软件工具和集成环境组成，通俗地讲，就是软件的开发需要在一定的环境中使用特定的工具来进行。犹如建设一栋房子，建房子所需要的手续就是集成环境，它是大前提，工人以及运输工具（如吊车）就是软件工具，而开发人员就是设计者，决定如何对房子进行设计和建造。

微信公众平台以及小程序的开发，同样需要开发环境的支撑。简单地讲，微信公众平台开发与传统的 B/S 架构系统比较类似，分为前端开发与后端开发；而开发微信小程序时，微信官方提供了标准的开发框架及开发工具。但是当两者呈现动态内容时，都需要与服务端交互，因此，这里先介绍服务端的开发环境。

开发环境的选择与使用的后端开发语言有一定的关系。微信公众号的后端开发语言不限，只要能与微信服务器正常交互即可。常见的后端开发语言有 Java、PHP、C#、Python、Node.js 和 Go 语言等。微信官方的 SDK 代码示例通常有 PHP、Java 和 Node.js 3 个版本，我选择的后端开发语言是 PHP，本书也将以 PHP 为主介绍相关开发内容。

2.2 集成软件包

公众号或小程序与服务端交互时，通常是发送一个 HTTP 请求到服务端，因此服务端需要有能处理请求的服务存在。Web 服务器接收并响应请求，处理的过程中可能会涉及数据库的交互，因此需要数据库服务来存储数据。另外，程序设计语言也需要运行环境的支撑。因此，一个简单而完整的 HTTP 服务端开发由 Web 服务器、数据库和程序设计语言运行环境组成。

分别安装上述 3 个软件会比较烦琐，安装完成之后还需要做许多配置。为了简化搭建服务端开发环境的过程，可以选择集成软件包。它集成了运行程序的基本环境，主要包括 HTTP 服务器、数据库管理软件以及程序设计语言运行环境，如图 2-1 所示。

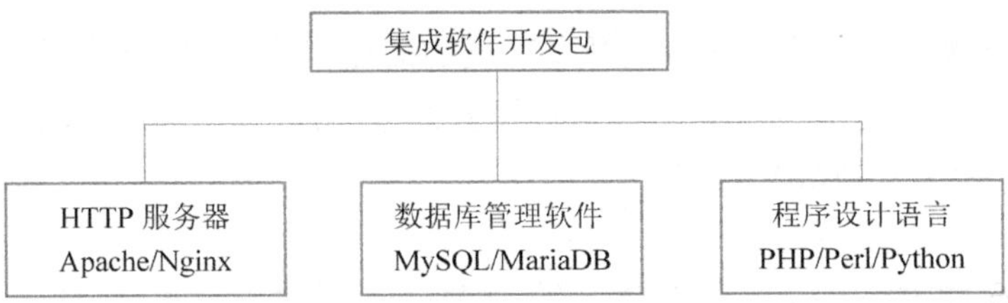

图 2-1　集成开发环境架构

这类集成软件开发包主要包括以下 4 个。

1. WAMP（Apache+MySQL/MariaDB+PHP/Perl/Python）

只支持在 Windows 系统下安装使用的一个开源平台。

2. LAMP（Linux+Apache+MySQL/MariaDB+PHP/Perl/Python）

只支持在 Linux 系统下安装使用的一个开源平台。

3. MAMP/MAMP Pro（Mac+Apache+MySQL+PHP）

只支持在 Mac 系统下安装使用的一个开源平台，支持 PHP 多版本切换。

4. XAMPP（Apache+MySQL/MariaDB+PHP+Perl）

开头的 X 代表 X-OS，表示可以在任何常见操作系统下使用，包括 Windows、Mac、

Linux 以及开源平台。

上述几个集成软件开发包，从跨平台、易用性、可扩展性和可配置性等方面综合对比，我选择的是 XAMPP。XAMPP 是 Apache（HTTP 服务器）、MySQL（数据库管理软件）、PHP（程序设计语言）和 Perl（脚本语言）的简称。

XAMPP 的安装与配置方法

读者可根据自己的操作系统选择合适的 XAMPP 版本。XAMPP 属于 Apache 发行版，是 Apache Friends（一个推广 Apache 服务器的非营利性项目）旗下的产品。感兴趣的读者还可以加入社区。

我下载的是 XAMPP for OS X 版本，其安装过程非常简单。需要注意的是，在选择安装组件这一步时，如图 2-2 所示，需要勾选“XAMPP Core Files”，这样才能安装完整的集成软件开发包。XAMPP 的默认安装目录是 /APPlications/XAMPP。

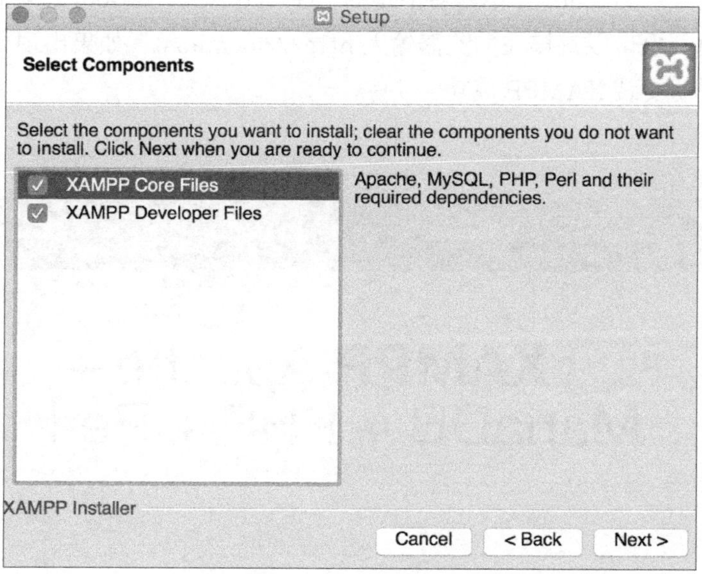

图 2-2　选择安装组件

安装成功后，启动程序，然后选择“Manage Servers”，再选择“Apache Web Server”并启动 Apache。启动成功后，绿色小灯会亮起，如图 2-3 所示。假如启动失败，则可以切换到 APPlication log 查看原因，问题可能包括端口被占用、目录权限等。

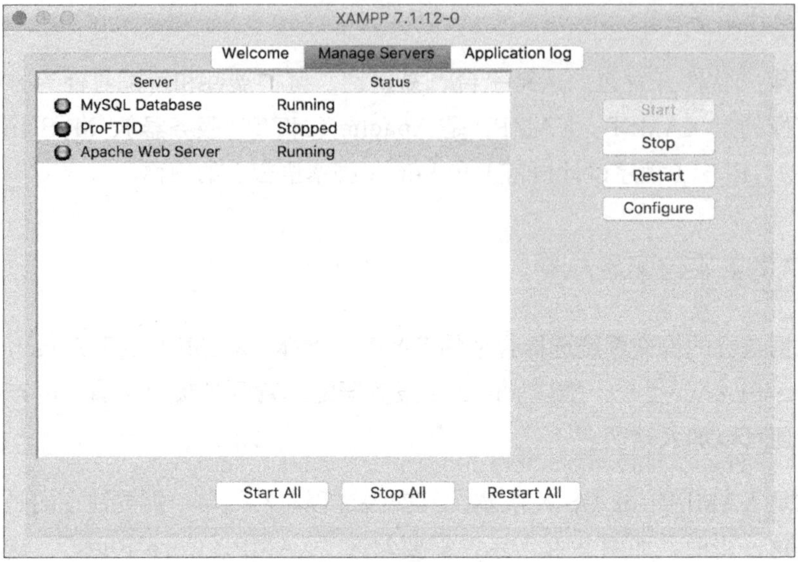

图 2-3　启动 XAMPP

切换到欢迎页“Welcome”，单击右下角的“Go To APPlication”，会自动打开浏览器进入欢迎页。也可以直接在浏览器输入 http://localhost，如果出现如图 2-4 所示的界面，则说明安装 XAMPP 成功。

图 2-4　XAMPP 欢迎页

选择“Configure”，出现一个简单的设置界面，在这里可以设置 http 以及 https 的端口，默认是 80 和 443。“Open Access Log”和“Open Error Log”可以分别查看 Apache 的访问日志和错误日志。

下面介绍与项目开发密切相关的目录和配置文件。

1. /APPlications/XAMPP/htdocs

Apache 的 DocumentRoot 为默认请求根目录。建议将新建的每个 Web 项目代码都放到这里，否则需要通过别名映射到其他目录，或者是使用虚拟目录来实现。

2. /APPlications/XAMPP/htdocs/etc/php.ini

PHP 配置文件。配置 PHP 的 so 模块加载、文件上传大小限制等。

3. /APPlications/XAMPP/htdocs/etc/httpd.conf

Apache 配置文件。配置 Apache 根目录、监听端口、加载的 PHP 扩展等。

4. /APPlications/XAMPP/htdocs/etc/extra/httpd-vhosts.conf

Apache 虚拟目录配置文件。

接下来新建一个 PHP 项目，将其命名为 dev.hello1010.com。在 Apache 的站点根目录 /APPlications/XAMPP/htdocs 下新建 dev.hello1010.com 目录，并新建 index.php 文件，输入代码打印 phpinfo 信息。

```
<?php phpinfo();
```

打开浏览器，输入 http://localhost/dev.hello1010.com/ 即可访问，如图 2-5 所示。至此，一个简单的基于 PHP 的公众号后端开发环境就搭建完成了。当然，这里并没有任何业务逻辑。

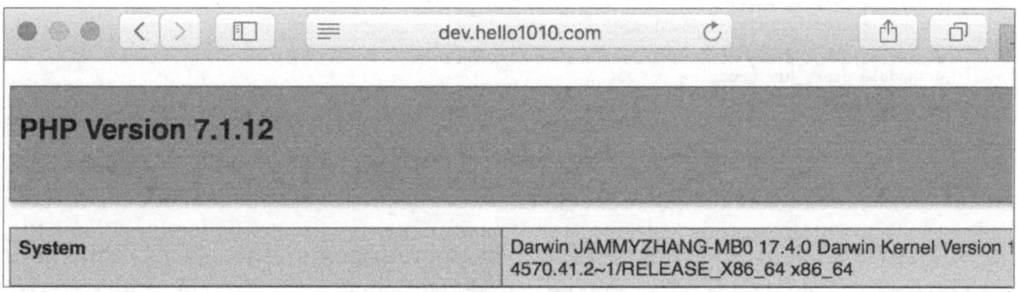

图 2-5　访问 dev.hello1010.com

由于 Apache 的默认 Web 应用目录是 /APPlications/XAMPP/htdocs，如果要把项目放到其他目录下，则需要用到 Apache 的虚拟主机技术。它的主要优势是可以为每个站点配置便于访问的本地域名；可以把应用目录移动到 htdocs 之外的其他目录，加大磁盘空间，而且安全性好。另外，在多人协作开发时，只要保证各开发者本地的 Virtual hosts 是一致的，那么大家访问的 URL 也都是一样的，URL 中就不会出现 localhost，而且可以解决本地跨越访问的问题。

按照下面的 3 个步骤配置以完成虚拟目录的设置。

① 修改 Apache 配置文件。进入 XAMPP 的安装目录，编辑 httpd.conf 文件。

```
/APPlications/XAMPP/xamppfiles/etc/httpd.conf
```

定位到靠近文件底部的位置或直接搜索“Virtual hosts”，删除下方被注释的“Include etc/extra/httpd-vhosts.conf”前面的“#”，如图 2-6 所示。如果没有被注释，则跳过这一步。

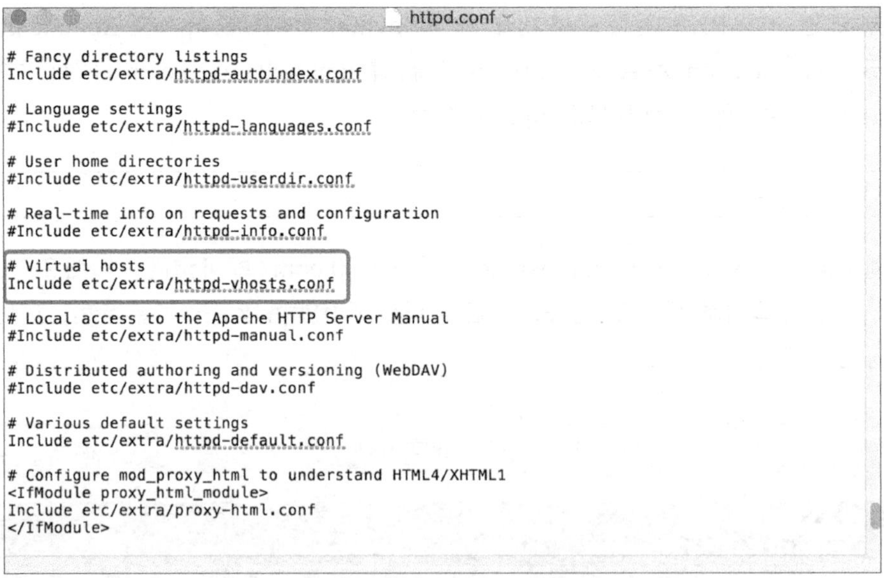

图 2-6　开启 Virtual hosts 功能

② 修改 Apache 的 httpd-vhosts 文件。进入 Virtual hosts 目录，在 /APPlication/XAMPP/xamppfiles/etc/extra 目录下，打开 httpd-vhosts.conf 文件，在文件末尾新增配置代码，如下所示。

```
<VirtualHost *:80>
        DocumentRoot "/APPlications/XAMPP/htdocs/dev.hello1010.com/"
ServerName dev.hello1010.com
        ErrorLog "logs/dev.hello1010.com.com-error_log"
        CustomLog "logs/dev.hello1010.com-access_log" common
        <Directory "/APPlications/XAMPP/htdocs/dev.hello1010.com/">
             Options Indexes FollowSymLinks Includes ExecCGI
              AllowOverride All
              Require all granted
        </Directory>
</VirtualHost>
```

在这里，设置的域名是 dev.hello1010.com。读者的域名可以根据自身情况修改。错误日志和访问日志均在 /APPlications/XAMPP/xamppfiles/logs/ 下，并设置站点根目录为 /APPlications/XAMPP/htdocs/dev.hello1010.com。

③配置 localhost 文件。打开电脑终端，输入命令“sudo vim /etc/hosts”，按提示输入密码，如图 2-7 所示。进入 vi 模式，输入“i”编辑 localhost 文件，如图 2-8 所示。在文件末端新增一行代码，把域名“dev.hello1010.com”映射到本地“127.0.0.1”，编辑完成后保存文件并退出。可以通过 ping 域名的方式来验证是否配置成功，如图 2-9 所示输入以下命令。

```
    ping dev.hello1010.com
```

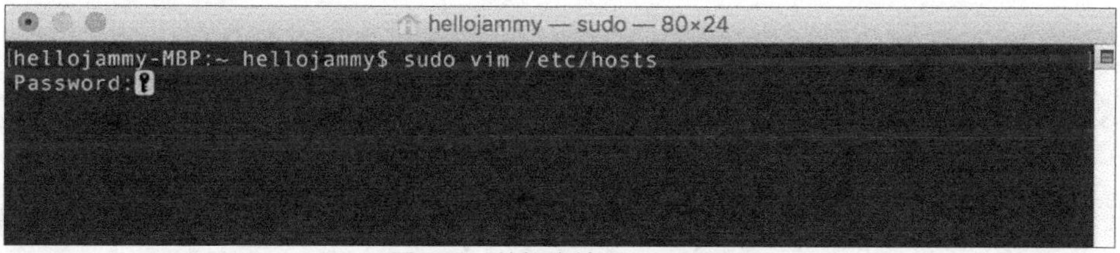

图 2-7　编辑本地 hosts 文件

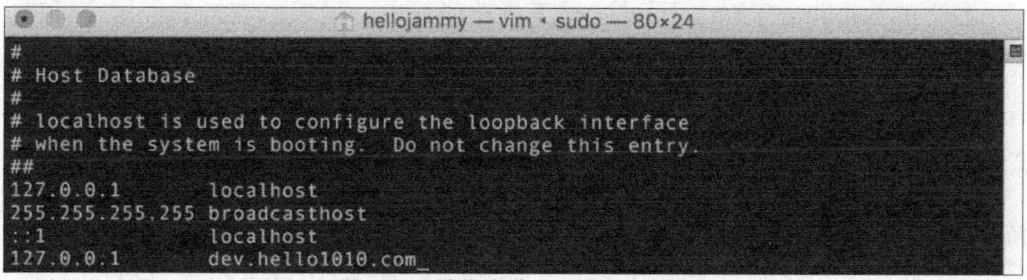

图 2-8　编辑本地 localhost 文件

图 2-9　ping 域名验证配置是否设置成功

至此，基于 Apache 虚拟目录的站点配置就完成了。在浏览器输入 dev.hello1010.com 即可访问，效果等同于访问 localhost/dev.hello1010.com。不过，假如此时直接输入 http://localhost，则会提示报错，那是因为这里启用了 Apache 的虚拟目录方式，也要在配置文件中指定 localhost 的目录，同样，在 httpd-vhosts.conf 新增如下代码。

```
    <VirtualHost *:80>
     DocumentRoot "/APPlications/XAMPP/htdocs/"
     ServerName localhost
     ErrorLog "logs/localhost-error_log"
     CustomLog "logs/localhost-access_log" common
     <Directory "/APPlications/XAMPP/htdocs">
         Options Indexes FollowSymLinks Includes ExecCGI
         AllowOverride All
         Require all granted
     </Directory>
</VirtualHost>
```

2.3　集成开发工具

开发环境安装完成后，接下来就可以着手编码了。这里需要一个编辑器，也就是编写代码的工具。简单的方式就是使用文本编辑器，例如 Windows 平台下的 Notepad++、Mac 平台下的 Sublime Text。不过这类工具功能简单，虽然也支持编程语言插件，但是假如希望省心并提高工作效率，建议使用集成开发环境（Integrated Development Environment，IDE）。这类工具通常会有一些高级功能，例如代码断点调试、类库关联等。由于这里选择的开发语言是 PHP，因此接下来重点介绍 PHP 的 IDE。

支持 PHP 语言的集成开发环境主要包括 Eclipse、NetBeans、Zend Studio 和 PhpStorm 等。我选择的是 PhpStorm。PhpStorm 是 JetBrains 公司开发的一款跨平

台 PHP 集成开发环境，它是一款智能的 PHP 编辑器，并支持 JavaScript、HTML/CSS 的智能编写，PHP 单元测试以及代码重构。PhpStorm 的启动界面如图 2-10 所示。

图 2-10　PhpStorm 启动界面

安装完成之后，可以通过 Create New Project（创建新工程）、Open（打开目录）、Create New Project from Existing Files（以向导的方式打开已存在工程），或者 Check out from Version Control（从源码版本管理器中 Check out 代码，例如从 Subversion 或 GitHub 中下载代码）新建工程，如图 2-11 所示。

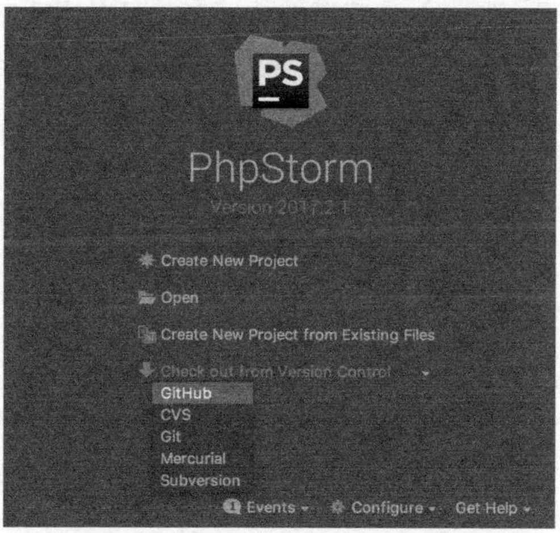

图 2-11　PhpStorm 打开或新建工程的方法

这里介绍的 PhpStorm 是 PHP 语言的开发环境，也就是后端语言开发环境。前面提到过，公众号开发通常由前端开发和后端开发构成。常见的前端 IDE 有 Sublime Text、WebStorm 等，这里不对前端开发工具进行过多介绍。另外，Web 的开发工具中，后端开发 IDE 也适用于前端开发。

2.4 PHP 开发框架

搭建好开发环境后，接下来就可以开始编写代码了。最直接的方式就是自己从零开始写。但是为了提高生产效率，减少不必要的代码重复，通常开发者会选择一种开发框架。关于如何选择开发框架这个话题，在这里不做过多讨论，读者可根据的需要自行选择。常见的 PHP 开发框架有 Laravel、ThinkPHP、Yii、CI(CodeIgniter)等。框架可以节省大量的开发时间和精力，并且让扩展变得更容易。我选择的是比较接近原生 PHP 的框架——CI。它小巧，但简单实用。

2.4.1 CI 简介

CI 是一个小巧但功能强大的 PHP MVC 应用程序框架。作为一个简单而“优雅”的工具包，它可以为开发者建立功能完善的 Web 应用程序。CI 为开发者提供了足够的自由，它并不是一个大而全的 PHP 框架，没有大规模集成类库，没有使用复杂的模板语言，无须做过多的配置即可直接使用。

CI 虽小，但是“五脏俱全”。对 CI 感兴趣的读者，可以通读它的代码，在了解框架的同时，学习应用程序框架的设计思想。图 2-12 展示了 CI 系统的应用程序流程。

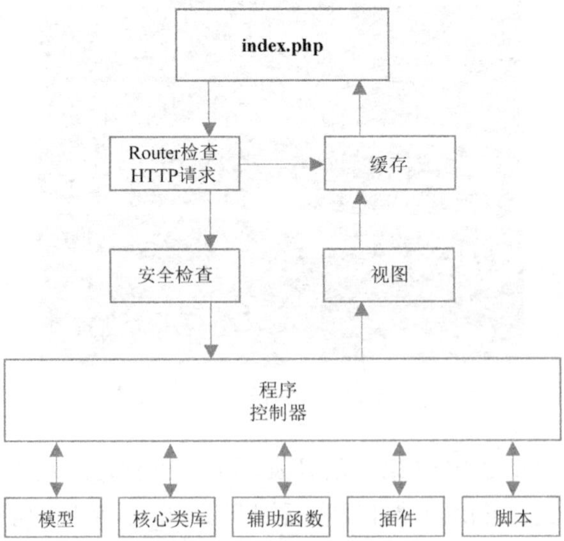

图 2-12 CI 系统的应用程序流程

图 2-12 说明了基于 CI 系统的应用程序流程。

① 前端访问 index.php，初始化运行 CI 所需的基本资源。

② Router 检查 HTTP 请求，以确定如何处理该请求。

③ 如果存在缓存文件，则直接读取缓存并输出到浏览器。

④ 在加载应用程序控制器之前，对 HTTP 请求以及用户提交的数据进行安全检查，例如 XSS 过滤。

⑤ 控制器加载模型、核心类库、辅助函数以及其他所有处理该请求所需的资源。

⑥ 渲染视图并发送至浏览器。如果开启了缓存，视图会被缓存起来用于后续的请求。

CI 是基于 MVC 的框架。MVC 是一种用于将应用程序的逻辑层和表现层分离出来的设计模式。在实际开发中，得益于这种开发方式，页面中只会包含少量的 PHP 脚本代码。

CI 的设计目标是在最小化、最轻量级的开发包中得到最大的执行效率、功能和灵活性。从技术和架构角度看，CI 可以支持动态实例化对象，组件高度独立，并且彼此松耦合。它在小巧的基础上力求做到简单、灵活和高性能。

从官网下载的源代码，解压后稍作配置即可使用，具体安装方法可参照官网文档。一个完整的 CI 代码目录结构如下所示。

```
├── application
│   ├──  cache  // 缓存文件
│   ├──  config  // 配置文件
│   ├──  controllers    // 控制器
│   ├──  core   // 核心系统类
│   ├──  helpers // 辅助函数
│   ├──  hooks  // 钩子——扩展框架核心
│   ├── language   //多语言
│   │     └── english
│   ├──  libraries// 类库
│   ├──  logs   // 日志文件
│   ├──  models  // 模型
│   ├──  third_party    // 第三方平台代码，例如 SDK
│   └──  views  // 视图文件
│   └── errors //常见错误页面
```

```
├──  system      //CI 框架核心代码
```

system 目录下的文件是 CI 框架核心代码，application 是一个完整的应用程序代码。

2.4.2　CI 配置

下载 CI 源码并解压到目录 /APPlications/XAMPP/htdocs/dev.hello1010.com，然后在浏览器输入 localhost/dev.hello1010.com 或 dev.hello1010.com（配置了虚拟目录）即可访问，访问效果如图 2-13 所示。在 2.2 节配置的站点根目录是 /APPlications/XAMPP/htdocs/dev.hello1010.com，而 CI 的项目入口文件正好也在根目录，因此可以正确访问。更详细的安装说明以及安全注意事项，可参考官方文档。

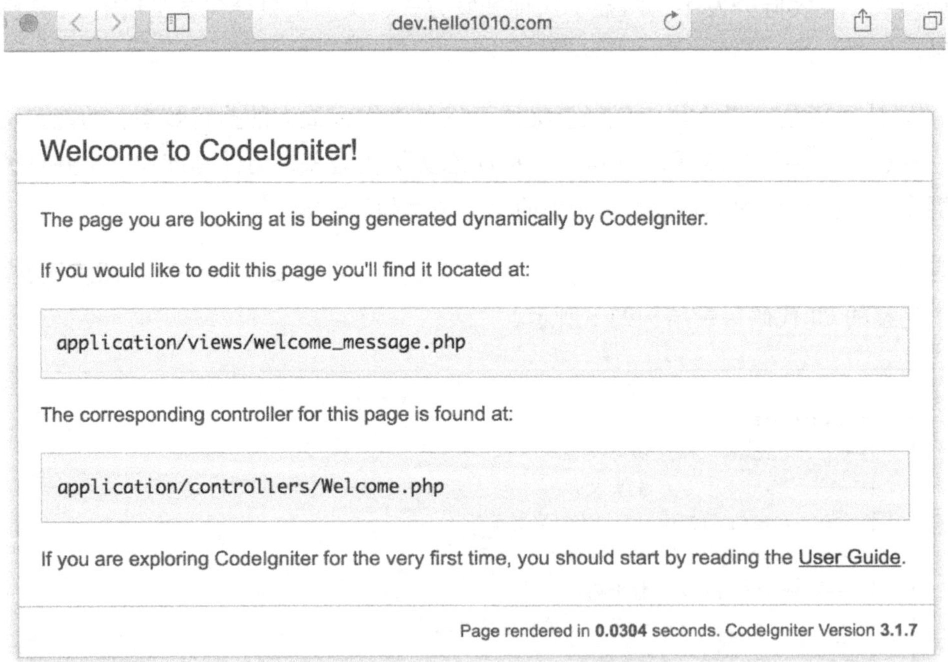

图 2-13　基于 CI 的工程首页运行效果

这里使用的是 PHP 集成开发环境，已经简化了 Apache 和 PHP 的配置。假如读者是自行安装的开发环境，可能会遇到一些问题。下面简单介绍可能会遇到的问题以及解决方法。

1. 文件夹权限问题

通常是 CI 的日志目录和默认的 Session 目录没有权限。打开工程目录 ../application/config/config.php，定位到第 237 行，可知日志的默认配置目录 log_path 是没有填写的，这是因为有默认的日志目录 ../application/logs/，因此可以将这个目录设置为读写权限，例如在 Mac 平台下，通过 chmod -R 777 logs/ 进行设置。假如需要把日志目录设置到其他目录，则赋值给 log_path 一个绝对路径即可，但是也要记得将目录设置为读写权限。

另外一个是 Session 目录。定位到 config.php 的第 383 行，sess_save_path 的值也是空的，此时 CI 会读取系统环境下的默认 Session 路径，在 php.ini 的 session.save_path 配置项中进行设置。在 XAMPP 集成开发环境下，这个默认目录是 /APPlications/XAMPP/xamppfiles/temp/。假如读者要给 CI 的 Session 存储路径重新赋值，切记需要确保新目录有读写权限。

2. Object not found

CI 默认访问的 Controller 和 action 是 Welcome 这个 Controller 下的 index 方法，假如尝试在 Welcome 下新增一个 action（如 hello），再访问这个新的 action，那么此时它的访问 URL 是 http://dev.hello1010.com/index.php/welcome/hello。URL 中必须带上 index.php。事实上，如果想要美化这个访问 URL，可以在 URL 中去掉 index.php，使它看上去更像是一个 MVC 框架的访问路径。但是当尝试去掉 index.php 访问时，会出现 Object not found 报错。这就需要开启 Apache 的 URL 重写功能，并在项目代码中进行简单的配置。

打开 httpd.conf 文件，搜索 mod_rewrite。假如 mod_rewrite 模块被注释，则去掉前面的注释，之后应该会显示如下的代码。

```
LoadModule rewrite_module modules/mod_rewrite.so
```

在工程根目录（与 application 文件夹所在目录）下新建配置文件“.htaccess”，并输入以下代码。然后重启 Apache，再次输入 http://dev.hello1010.com/welcome/hello 即可访问。

```
RewriteEngine On
RewriteCond %{REQUEST_FILENAME} !-f
RewriteCond %{REQUEST_FILENAME} !-d
RewriteRule ^(.*)$ index.php/$1 [L]
```

2.4.3 CI 目录改造

在实际的项目开发过程中，可能会包含多个 Web 站点，假如多个站点之间关联性较大，通常会把这些站点部署到同一台服务器，并且后续的服务升级也是同步的。对于 CI 源码的管理，一个简单的方式就是每个站点都使用单独的 CI 代码，之后的 CI 框架源码 BUG 修复以及升级都单独处理。但这样势必会比较烦琐而且容易出错，因此这里探讨一种多个站点共享一份 CI 源码的架构方式，需要对原生的 CI 目录构造及其入口文件进行少量修改。改造后的目录结构如下所示。

```
├── application
|   └── wechat  // 应用程序目录
|           ├── cache   // 缓存文件
|           ├── config  // 配置文件
|           ├── controllers    // 控制器
|           ├── core    // 核心系统类
|           ├── helpers // 辅助函数
|           ├── hooks   // 钩子——扩展框架核心
|           ├── language // 多语言
|           ├── libraries      // 类库
|           ├── logs    // 日志文件
|           ├── models  //// 模型
|           ├── resource       // 资源文件，存放 css、js 和图片等文件
|           ├── third_party    // 第三方平台代码，例如 SDK
|           └── views   // 视图
|                   └── app2   // 应用程序 app2 目录
|   └── app3    // 应用程序 app3 目录
├── service     // 公用业务逻辑
|
├── system      //CI 源代码
```

进行的改动有两个部分：把原先 application 目录下的所有文件及文件夹移到 wechat 目录下，并最终归到 application 目录中，与 system 目录平级。这样做的目的是，希望所有的站点都统一到 application 目录里，各个站点独立运行，共享 CI 的同一套 system 代码，以便于管理和进行 CI 的升级。由于应用程序 wechat 相对于 system 的目录层级发生了变化，因此在 wechat/index.php 入口文件中，需要修改 application_folder 和 system_path 的值。

```
$system_path = '../../system';
```

```
$application_folder = '../application/wechat';
```

后续增加站点时，只需要在 application 目录中新增一个文件夹，并复制原先 application 目录下的所有代码（CI 原生目录结构下的 application）到新文件夹，修改 index.php 中的 application_folder 和 system_path 的值，就可以完成站点的接入。

另外，我在 wechat/core 目录下新增了一个 MY_Controller.php 文件，继承自 CI_Controller 类，在这里实现一些控制器的基本方法，例如，统一登录、视图渲染等。同时还有 MY_Model 和 MY_Loader 两个文件。完整的目录结构和代码可参考本书的源代码。

2.4.4 微信公众号开发配置

在使用微信公众号的 API 时，通常需要做一些简单的封装，以便于实现项目代码的复用，统一管理相关接口以及全局性数据。例如，接口调用凭据 access_token 的使用，假如在项目代码中多处随意调用获取 access_token 的代码，而不进行缓存处理，则可能会因为调用次数过多而导致接口调用失败（微信公众平台限制）。因此，对微信公众号开发接口的二次封装显得很重要。

读者可以根据需要自己封装公众号接口，也可以选择一些开源且成熟的框架来直接使用，避免重复编写代码。我也选择了一个开源框架代码，并将其集成到 wechat 工程中。

由于封装好的接口代码属于第三方代码，因此要把下载的类文件 wechat.class.php 放到 wechat/third_party/wechat 目录下，并在 libraries 目录中新建 wechat.php 文件，通过继承 wechat 类来改写部分方法，比如构造函数以及与缓存相关的方法。如代码清单 2-1 所示。

代码清单 2-1

```
<?php
defined('BASEPATH') OR exit('No direct script access allowed');
require_once(dirname(__FILE__) . '/../third_party/wechat/wechat.class.php');
class Wechat extends WechatApi {
      protected $_CI;
      public function __construct() {
          $this->_CI =& get_instance();
```

```
        $this->_CI->config->load('wechat');
        $options = $this->_CI->config->item('wechat');
            $this->_CI->load->driver('cache', array('adapter' =>
'redis'));

        parent::__construct($options);
    }

    /**
     * 重载设置缓存
     * @param string $cachename
     * @param mixed $value
     * @param int $expired
     * @return boolean
     */
    protected function setCache($cachename, $value, $expired) {
        if($this->_CI){
            return $this->_CI->cache->save($cachename, $value, $expired);
        }
        return false;
    }

    /**
     * 重载获取缓存
     * @param string $cachename
     * @return mixed
     */
    protected function getCache($cachename) {
        if($this->_CI){
            return $this->_CI->cache->get($cachename);
        }
        return false;
    }

    /**
     * 重载清除缓存
     * @param string $cachename
     * @return boolean
     */
    protected function removeCache($cachename) {
        if($this->_CI){
            return $this->_CI->cache->delete($cachename);
```

```
            }
            return false;
        }
    }
```

在构造函数中加载了与微信相关的配置文件（包含 APPId、Token 等信息）、初始化缓存，并重写了缓存操作的 3 个函数。与微信相关的配置文件，存放在各个环境的目录下，例如正式环境 production 的微信公众号配置文件存放在 wechat/config/production/wechat.php 中，代码如下所示。

```
$config['wechat'] = array( 'token' => 'your_token', 'appid' => 'your_appid',
'appsecret' => 'your_appsecret',
'debug' => false, 'encodingaeskey' => '');
```

在需要使用公众号接口时，只需要加载这个库文件，再调用相应方法即可，如下所示。

```
$this->load->library('wechat');
$this->wechat->getOauthAccessToken();
```

关于项目中的更多细节，读者可下载本书源代码查看。

2.5 小结

本章主要介绍微信公众号的开发环境及其相关技术，首先介绍主流的集成软件开发包，并从不同维度进行对比，然后选定 XAMPP 作为讲解示例，并详细介绍了配置过程。IDE 选择的是 PhpStorm，并介绍了 PhpStorm 的基本使用。最后介绍了一个 PHP 的开发框架——CI，基于这个框架，进行了简单的改造，使其更适用于实际的项目开发。本章的开发环境搭建，只是作为一个示例，读者可以根据自身需求选择其他开发环境。接下来的一章将介绍微信公众号开发前需要具备的知识。

第 03 章 公众号开发初体验

本章主要介绍微信公众号开发的相关概念、基本原理，并在此基础上介绍如何接入微信公众号开发者模式。同时，本章还介绍了接口调用的权限及频率。本章内容作为公众号开发的必备知识，对于初次接触公众号开发的读者来说尤为重要。

3.1 开发概述

运营者通过微信公众平台为微信用户提供资讯和服务，其中包含了基本的运营功能，如文章推送、消息的自动回复等。但是，如果要实现一些比较复杂的功能及交互，则需要用到微信提供的公众平台开发接口。

3.1.1 OpenID

用户在与公众号交互时，需要有一个身份标识，它可以让程序识别用户的身份。出于对用户信息安全的考虑，微信没有直接暴露用户的微信 ID（微信号），而是对开发者开放 OpenID。OpenID 是一个由数字、大小写英文字母和下划线组成的 28 位字符串，可以被理解为加密后的微信号。它的产生规则是，每个微信用户针对每个公众账号会产生一个 OpenID，如图 3-1 所示。

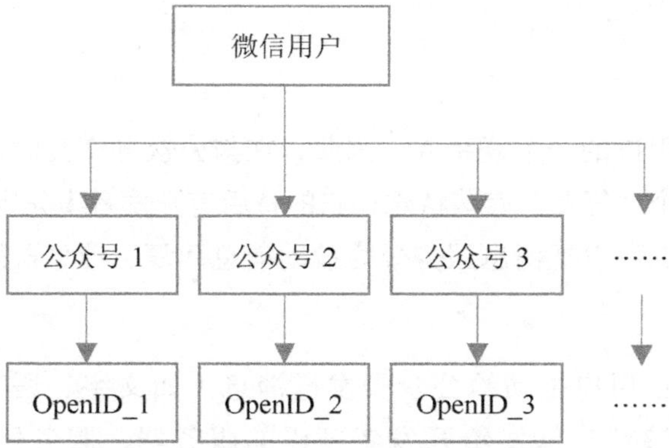

图 3-1 微信用户与公众号的 OpenID 对应关系

OpenID 对开发者来说非常重要，给用户发送微信模板消息、微信支付和获取用户基本信息等操作和场景都需要使用到 OpenID。另外，它也是打通微信账号与已有系统用户账号体系的关键桥梁。关于这一点，稍后的章节将详细介绍。

微信官方对 OpenID 的生成算法是不公开的，不提供接口从微信号到 OpenID 的转换。因此，即使知道了用户的微信号和公众号的 AppID，也无法推算出其 OpenID。这样就从一定程度上保护了用户隐私。

3.1.2 UnionID

同一个开发者，可能会开发多个公众号、小程序以及移动应用。假如需要做到用户账号的信息互通，其中一种实现方式就是在不同的应用中拥有相同的 ID，然后使用这个 ID 在不同的应用中确保用户的唯一性。在微信公众平台的开发平台下，承担这个桥梁角色的 ID 叫作 UnionID。

开发者需要在微信开放平台中将这些公众号和移动应用绑定到同一个开放平台账号下，才能获取 UnionID 值。绑定后，同一个微信用户对多个公众号和移动应用仍然会有多个不同的 OpenID，但是它们会有一个相同的 UnionID，这样用户在同一个平台下就有了唯一标识，可以确保用户的唯一性。关于 UnionID，稍后的章节将会有详细介绍。

3.1.3 公众号使用场景

公众号在为用户提供服务时，主要是通过公众号消息会话和公众号网页两种形式来实现的。

1. 公众号消息会话

微信把公众号当作用户的一个联系人，因此，在与公众号交互时，也可以把它当作“好友”，只不过这个“好友”有些特殊，它的背后有开发者事先定义好的业务逻辑。从公众号的角度看，可以把消息服务分为被动消息回复、消息群发、模板消息和客服消息四大类。

- 被动消息回复：用户主动给公众号发送消息（如文字、语音和图片等），微信服务器会将该消息转发给开发者预设的服务器，服务器根据接收到的消息执行相应的代码逻辑，然后把执行结果返回给微信服务器，微信服务器再把消息推送给用户。这是由用户主动发起的消息会话，故称作被动消息回复。
- 消息群发：公众号可以向用户群发消息，比如图文消息。消息群发的频率与公众号类型相关，订阅号为 1 次 / 天，服务号为 4 次 / 月。
- 模板消息：给用户主动推送服务通知类消息，例如服务预约成功提醒、优惠券消费到期提醒。这类消息是通过预先设定的模板添加相应的文案来实现的，微信公众号后台会提供不同行业的模板供开发者选择。假如都不能满足需求，则开发者可以自定义模板并提交审核。需要注意的是，用户取消关注公众号后，开发者无法再向用户推送微信模板消息。
- 客服消息：客服场景中，公众号可以给用户发送不限数量的消息，前提是 48h 内用户给公众号发送过消息或有过互动。例如在公众号消息对话框中与公众号的交互、用户单击公众号的菜单等，这些都是用户与公众号的主动交互。

2. 公众号网页

上述的消息会话只能满足基本的消息互动，而无法实现更为复杂的交互场景。这时，就需要通过网页的形式来提供服务。这是一种非常开放的形式，开发者在开发公众号网页服务时，与开发其他场景下的网页应用一样，使用的技术都是 HTML/CSS/JS，需要额外做的就是符合一定的“游戏规则”。在这个网页应用里，可以通过网页授权获取微信用户的基本信息，也可以通过微信 JS-SDK 直接调用微信的原生模块，例如微信支付、扫一扫和拍照等。这些强大的能力，都是由微信赋予的。

> **注意**
>
> 通过网页授权的方式获取用户基本信息时（授权 scope 值为 snsapi_userinfo），需要区分两个场景。
>
> 一是用户通过公众号进入网页，例如从公众号菜单、公众号推送的图文消息进入。这种方式无须用户授权同意，即可直接通过接口调用获取用户的 OpenID 和用户基本信息，这称为静默授权。
>
> 二是用户在公众号之外进入网页，例如朋友圈分享的链接、聊天会话的消息链接等，这些场景已经脱离了“通过公众号进入”，这时需要用户主动同意授权，公众号才能获取到用户的基本信息。在此场景下，无论用户有没有关注公众号，都要主动同意授权。
>
> 当授权 scope 值为 snsapi_base 时，所有场景的网页授权都是静默授权，用户没有感知。

3.2 公众号消息会话流程

公众号消息会话是公众号与用户交互的基础，因此理解消息会话流程对公众号开发者来说是一门必修课。了解了流程，读者对接下来的入门实例理解也会更加深刻。

一次完整的消息会话流程如图 3-2 所示。可以分两个方面来介绍这个流程，一方面是消息从微信终端输入，到达开发者服务器，并由业务逻辑层处理；另一方面是业务逻辑处理完成之后回复给用户，即服务的响应。下面以具体的场景来讲解整个流程。假如用户在公众号会话中输入“hello”，公众号回复“hello world”，其他信息输入则原样返回。

① 用户从微信客户端输入文本消息“hello”。

② 消息到达微信服务器。

③ 微信服务器按照一定的格式打包消息，POST 到开发者预先设定的服务器地址。

④ 开发者服务器接收到 POST 请求，验证签名是否合法。假如非法，可以忽略该请求，直接结束，跳转至⑨，或者做其他操作；假如合法，则跳转至⑤。

⑤ 解析请求数据。

⑥ 执行业务逻辑。这里的逻辑是判断文本消息是否为“hello”。假如是，则回复消息为“hello world”；假如不是，则保留原消息。

⑦ 按照要求组装好回复的消息内容和格式，回复给微信服务器。

⑧ 微信服务器接收到回复消息，输出到用户的微信客户端。

⑨ 结束。

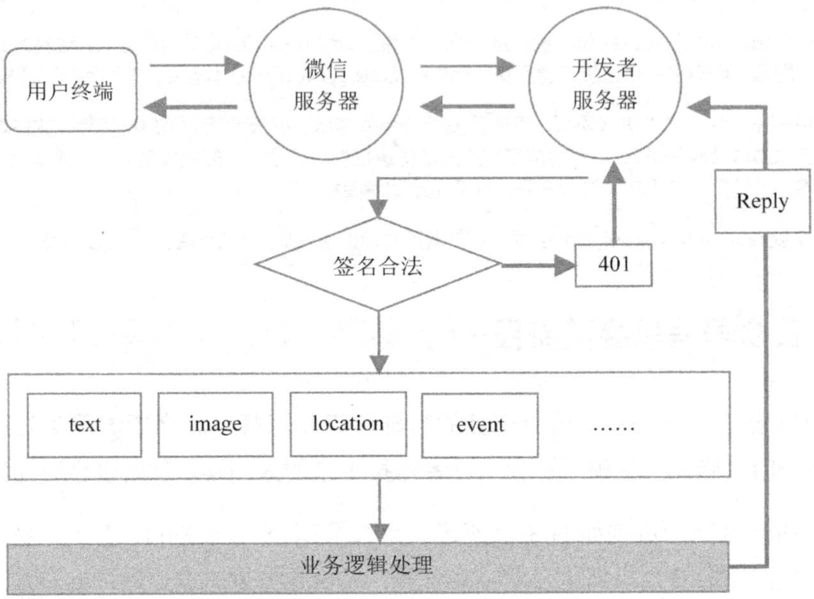

图 3-2　公众号消息会话流程

以上流程是消息从用户微信客户端发出，经过开发者服务器处理并响应的过程。流程只涉及了与公众号开发相关的步骤。流程中的第④步，是验证消息是否来自微信服务器的过程，目的在于确保调用方的合法性。

3.3　接入自己的第一个公众号

3.3.1　接入步骤

接入微信公众平台开发，需要通过以下两个步骤来实现。

1. 填写服务器配置

这里包括填写开发者服务器地址、Token 等。由图 3-2 的会话流程可知，开启开发者模式的公众号，在用户与公众号进行消息交互时，微信服务器会回调开发者服务器地址，这是开发者实现与微信用户互动的关键。这时需要在微信公众号后台填写开发配置信息。登录微信公众号后台，依次选择“开发”→“基本配置”→“服务器配置”。这里需要进行以下 4 项设置。

① URL：必须以 http:// 或 https:// 开头，不支持 IP 接入，只支持 80 端口和 443 端口。

② Token：一个非常重要的值，用来生成签名。微信服务器的每次回调中都会附带签名字段（signature），该签名的生成算法与 Token 有关。长度为 3~32 个字符，建议不要使用过于简单的 Token。

③ EncodingAESKey：消息体加解密密钥，长度为 43 位字符串。微信提供了随机生成密钥的功能。

④ 消息加解密方式：指的是与微信服务器、开发者服务器之间进行通信时，消息体是否需要加密。此处有明文模式、兼容模式和安全模式 3 种模式。可根据业务需求选择加解密类型，对于安全性要求较高的业务，建议选择安全模式，这也是微信官方推荐的模式。需要注意的是，加解密要耗费一定的 CPU 时间，不过现在的服务器计算资源都比较强大，所以这个时间几乎可以忽略不计。

2. 验证服务器地址有效性

验证有效性成功才能提交步骤 1 填写的服务器地址。步骤 1 的配置完成后，单击“提交”，微信服务器会发送一个 GET 请求到刚刚填写的 URL 地址中，并带上 4 个参数。参数及其含义如表 3-1 所示。

表 3-1　　验证消息来自微信服务器时附带参数列表

参数名	简述
signature	微信签名，根据一定算法生成
timestamp	时间戳，参与签名的生成
nonce	随机数，参与签名的生成
echostr	随机字符串，假如签名验证成功，则需要开发者原样返回

开发者通过验证 signature 的值来校验请求是否来自微信服务器。假如验证通过，则原样返回 echostr 参数的内容，接入成功。加密流程分为以下 3 步。

① 将 token、timestamp 和 nonce 这 3 个参数进行字典序排序。

② 将 3 个参数拼接成一个字符串进行 sha1 加密。例如 token=abc，timestamp=123，nonce=456，则 sha1(abc123456)。

③ sha1 加密后，将得到的值与 signature 进行比较。假如相同，说明请求来自微信服务器；否则说明签名为非法。

至此，微信开发者模式接入步骤就完成了，接下来要实现业务逻辑。用户的某些交互和操作，如向公众号发送消息、单击自定义菜单、开发者的服务器均会收到来自微信服务器推送的消息和事件。收到消息后，执行相应的业务逻辑，返回给微信服务器。下面介绍具体的接入代码实践。

3.3.2 接入实践

接下来，开始编写接入开发者模式的代码，并实现简单的被动消息回复。为了更好地帮助读者理解公众号的会话流程，这里不接入第三方封装的 SDK，而是从零开始编写接入代码。

由 3.3.1 节可知，接入的关键是要通过微信服务器的地址进行有效性验证，因此需要实现第 3.3.1 节的步骤 2，检测请求中是否有 echostr 参数。

```
//微信发来的地址有效性验证请求
if(isset($_GET["echostr"])){
$echoStr = $_GET["echostr"];
if (WechatUtils::checkSignature())
//直接回复 echostr 消息给微信服务器
  die($echoStr);
else
  die('no access');
}
```

其中，checkSignature 方法验证签名的有效性，签名生成算法参照第 3.3.1 节的步骤 2，WECHAT_TOKEN 接入步骤 1 中配置的 Token。验证签名的代码逻辑如下。

```
function checkSignature(){
          $signature = isset($_GET["signature"]) ? $_GET["signature"] : '';
          //如果存在加密验证则用加密验证段
          $signature = isset($_GET["msg_signature"]) ? $_GET["msg_signature"] :
$signature;
          $timestamp = isset($_GET["timestamp"]) ? $_GET["timestamp"]:'';
          $nonce = isset($_GET["nonce"]) ? $_GET["nonce"] : '';
          $token = WECHAT_TOKEN;
```

```
        $tmpArr = array($token, $timestamp, $nonce);
        sort($tmpArr, SORT_STRING);
        $tmpStr = implode( $tmpArr );
        $tmpStr = sha1( $tmpStr );
        if( $tmpStr == $signature ){
            return true;
        }else{
            return false;
        }
    }
```

通过以上代码的实现，即可完成微信的开发者地址有效性验证。通过程序的日志，可以看到微信服务器向服务器请求的地址以及参数（见图 3-3）。

```
2018-02-17 22:22:28  request url:http://wxapi.hello1010.com/wx.php?signature=1b17b
e2de43fc0b4a0fdd3db4f08e76367d07af5&echostr=10321588338396429996&timestamp=1518877
348&nonce=166991486
```

图 3-3　微信服务器验证开发者服务器地址的数据请求

其中，wx.php 后面的一串请求参数就是微信服务器发来的验证数据。

```
signature=1b17be2de43fc0b4a0fdd3db4f08e76367d07af5&echostr=10321588338396429996&timestamp=1518877348&nonce=166991486
```

在服务器接收到这串请求之后，对它进行签名校验，校验通过之后把 echostr 原样返回给微信服务器，开发者服务器地址有效性验证完成，这时，就可以正常接收用户通过公众号消息会话发来的消息，实现自己的业务逻辑，然后把结果返回给微信服务器，最终让用户看到我们返回的结果。

需要特别注意的是，微信服务器发送给用户的消息，在通过 PHP 接收时，需要由 file_get_contents(“php://input”) 来读取。我曾经尝试通过 $_POST 来获取，发现获取到的结果是空的。另外，一些 PHP 框架封装之后的 POST 方法，一般也无法获取到微信推送过来的数据。例如，在 Yii 框架中，用 Yii::$app->request->post() 无法获取到数据，而必须通过 Yii::$app->request->getRawBody() 来获取，这个方法的具体实现也是读取 php://inpu 的值。其他开发语言可能也会遇到类似的问题，这里需要特别注意。

处理完具体的业务逻辑后，回复给微信服务器的消息，需要按照微信约定的字段和

xml 格式返回。假如是给用户回复文本，则格式如下。

```
<xml>
<ToUserName><![CDATA[toUser]]></ToUserName> //用户 OpenID
<FromUserName><![CDATA[fromUser]]></FromUserName> //公众号 ID
<CreateTime>1518837933</CreateTime>
<MsgType><![CDATA[text]]></MsgType> //指定返回类型为 text 文本
<Content><![CDATA[a]]></Content> //文本内容
</xml>
```

完整的实例代码如代码清单 3-1 所示。这部分代码已经验证过，读者可以直接使用：新建 wx.php 并复制以下代码保存，把代码中的“YOUR_TOKEN”替换为自己的 Token 值，上传代码至服务器站点根目录，并在根目录下新建 logs 目录用于存储日志，设置 logs 目录的读写权限，然后配置 Apache 的 vhosts 以及域名。我配置的域名是 http://wxapi.hello1010.com/，把 wx.php 放置在对应域名站点的根目录，因此在微信公众号后台配置的 URL 地址是 http://wxapi.hello1010.com/wx.php。关于域名的配置，在本章节不做过多介绍，读者可自行查阅相关资料。

代码清单 3-1

```
<?php
//设置时区
ini_set('date.timezone','Asia/Shanghai');
//公众号配置的 Token，读者把 YOUR_TOKEN 替换为自己的 Token 值即可
define("WECHAT_TOKEN", "eb3edf2bd3e4d322f7ff6e31fc97e3c9");

WechatUtils::writeLog("request url:" . WechatUtils::requestUrl());
WechatUtils::writeLog("POST data:" . json_encode($_POST));
WechatUtils::writeLog("RAW data:" . file_get_contents("php://input"));

//微信发来的地址有效性验证请求
if(isset($_GET["echostr"])){
    $echoStr = $_GET["echostr"];
    if (WechatUtils::checkSignature())
        //直接回复 echostr 消息给微信服务器
        die($echoStr);
    else
        die('no access');
```

```
    }

    if(!WechatUtils::checkSignature()){
        WechatUtils::writeLog("invalid request!");
        die('invalid request!');
    }
    //普通消息交互
    if($_SERVER['REQUEST_METHOD'] == "POST"){
        //获取微信服务器推送过来的原始消息
        $postStr = file_get_contents("php://input");
        $encrypt_type = isset($_GET["encrypt_type"]) ? $_GET["encrypt_type"]: '';
        if ($encrypt_type == 'aes') {
            //TODO 消息解密
        }

        //数据转换为数组
        $receiveData = (array)simplexml_load_string($postStr, 'SimpleXMLElement',
LIBXML_NOCDATA);
        WechatUtils::writeLog("receiveData:" . json_encode($receiveData));
        //消息类型
        $msgType = $receiveData['MsgType'];
        $responseMsg = '没有对应的消息类型响应';
        switch ($msgType){
            case 'text':
                //获取消息内容
                $content = $receiveData['Content'];
                //设置回复消息
                if(strtolower($content) === 'hello'){
                    $responseMsg = 'hello world';
                }else{
                    $responseMsg = $content;
                }
                break;
            default:
                break;
        }

        $responseData = array(
            'ToUserName' => $receiveData['FromUserName'],
            'FromUserName' => $receiveData['ToUserName'],
            //回复文本消息
            'MsgType'=> 'text',
```

```
            //过滤文字回复\r\n换行符
            'Content' => str_replace("\r\n", "\n", $responseMsg),
            'CreateTime' => time()
        );

        $responseXml = WechatUtils::xmlEncode($responseData);
        WechatUtils::writeLog("responseData:" . $responseXml);
        //回复消息给微信服务器
        echo $responseXml;
    }


    /**
      * 公众号工具类
      * Class WechatUtils
      */
    class WechatUtils{

        /**
         * 校验签名
         * @return bool
         */
        static function checkSignature(){
              $signature = isset($_GET["signature"]) ? $_GET["signature"] :
'';
             $signature = isset($_GET["msg_signature"]) ? $_GET["msg_signature"] :
$signature; //如果存在加密验证，则用加密验证段
            $timestamp = isset($_GET["timestamp"]) ? $_GET["timestamp"]:'';
            $nonce = isset($_GET["nonce"]) ? $_GET["nonce"] : '';

            $token = WECHAT_TOKEN;
            $tmpArr = array($token, $timestamp, $nonce);
            sort($tmpArr, SORT_STRING);
            $tmpStr = implode( $tmpArr );
            $tmpStr = sha1( $tmpStr );

            if( $tmpStr == $signature ){
                return true;
            }else{
                return false;
            }
        }
```

```
    /**
     * 转换成 XML
     */
     static function xmlEncode($data, $root='xml', $item='item', $attr='', $id
= 'id') {
        if(is_array($attr)){
            $_attr = array();
            foreach ($attr as $key => $value) {
                $_attr[] = "{$key}=\"{$value}\"";
            }
            $attr = implode(' ', $_attr);
        }
        $attr   = trim($attr);
        $attr   = empty($attr) ? '' : " {$attr}";
        $xml    = "<{$root}{$attr}>";
        $xml   .= self::data2Xml($data);
        $xml   .= "</{$root}>";
        return $xml;
    }

    /**
     * 把数组转换为 XML
     * @param $data
     * @return string
     */
    static function data2Xml($data) {
        $xml = '';
        foreach ($data as $key => $val) {
            is_numeric($key) && $key = "item id=\"$key\"";
            $xml    .=  "<$key>";
            $xml    .=  ( is_array($val) || is_object($val)) ?
self::data2Xml($val)  : self::xmlSafeStr($val);
            list($key, ) = explode(' ', $key);
            $xml    .=  "</$key>";
        }
        return $xml;
    }

    static function xmlSafeStr($str)
    {
         return '<![CDATA['.preg_replace("/[\\x00-\\x08\\x0b-\\x0c\\x0e-
```

```
\\x1f]/",'',$str).']]>';
        }

        /**
         * 写日志，确保当前文件夹下有 logs 目录，并且有读写权限
         * @param $text
         */
        static function writeLog($text) {
            $text = self::characet ( $text );
            file_put_contents ( dirname ( __FILE__ ) . "/logs/log.txt",
                date ( "Y-m-d H:i:s" )
                . "  "
                . $text
                . "\r\n", FILE_APPEND );
        }

        static function characet($data) {
            if (! empty ( $data )) {
                $fileType = mb_detect_encoding ($data, array ('UTF-8','GBK','GB2312',
'LATIN1', 'BIG5') );
                if ($fileType != 'UTF-8') {
                    $data = mb_convert_encoding ( $data, 'UTF-8', $fileType );
                }
            }
            return $data;
        }

        /**
         * 获取当前请求的 URL 地址
         * @return string
         */
        static function requestUrl(){
            //腾讯云负载均衡的 HTTP 头
            if(isset($_SERVER['HTTP_X_CLIENT_PROTO'])){
                    $protocol = (!empty($_SERVER['HTTP_X_CLIENT_PROTO']) &&
$_SERVER['HTTP_X_CLIENT_PROTO'] == 'https') ? "https://" : "http://";
            }else{
                $protocol =(!empty($_SERVER['HTTPS']) && $_SERVER['HTTPS']!== 'off'
|| $_SERVER['SERVER_PORT'] == 443) ? "https://" : "http://";
            }
            return "$protocol$_SERVER[HTTP_HOST]$_SERVER[REQUEST_URI]";
        }
```

```
}
```

以上代码实现的功能包括开发者服务器地址有效性验证、被动回复用户消息。消息回复规则是，用户发送“hello”，公众号回复“hello world”给用户，其他内容的文本消息则原样返回。对于其他类型的消息，统一返回“没有对应的消息类型响应”。

通过在服务端打印日志，可以看到完整的数据交互。例如给公众号发送“hello”时，服务器收到的数据如下。

```
<xml>
<ToUserName><![CDATA[gh_bcdecb768b0c]]></ToUserName>
<FromUserName><![CDATA[oJ3afuBiuYESFeS-QY2WWNqr2DA8]]></FromUserName>
<CreateTime>1518881672</CreateTime>
<MsgType><![CDATA[text]]></MsgType>
<Content><![CDATA[hello]]></Content>
<MsgId>6523547108181257657</MsgId>
</xml>
```

其中，ToUserName 代表微信把消息发送给我们的公众号；FromUserName 代表发送方，即用户的 OpenID。

经过处理，我们返回给微信服务器的数据如下。

```
<xml>
<ToUserName><![CDATA[oJ3afuBiuYESFeS-QY2WWNqr2DA8]]></ToUserName>
<FromUserName><![CDATA[gh_bcdecb768b0c]]></FromUserName>
<MsgType><![CDATA[text]]></MsgType>
<Content><![CDATA[hello world]]></Content>
<CreateTime><![CDATA[1518881672]]></CreateTime>
</xml>
```

其中，ToUserName 代表消息需要发送给谁，这里是用户的 OpenID；FromUserName 代表发送方，即公众号 ID。需要注意的是，ToUserName 和 FromUserName 这两个值在接收消息和发送消息时是有区别的。

实现效果如图 3-4 所示。至此，第一个公众号接入就完成了。

图 3-4　公众号被动消息回复

3.4　接口权限及调用频率

3.3.2 节的公众号接入示例只涉及了简单的处理逻辑，对于一些复杂的业务处理场景，例如获取接口调用的 access_token、给用户发送模板消息、获取用户地理位置等，则需要用到公众号的接口。而这些接口的权限及其调用频率都是有限制的。下面对我们经常用到的重要接口进行说明。

订阅号和服务号的定位和承载的媒体属性是不一样的，由此决定了它们拥有的接口权限也有所区别。简单的理解是，服务号的接口集合大于订阅号。服务号的九大高级接口如下。

1．语音识别接口

功能描述：通过语音识别接口，可以将用户发送的语音识别成文本并推送给公众号。

应用场景：开发者可以直接调用微信自主研发的语音识别技术，使用语音输入这种更具互动性的交互来开发更丰富的应用和服务。

2．客服接口

功能描述：通过客服接口，公众号可以在用户发送完消息的一段时间内（目前是 48h

内，具体时间可参考微信公众号开发文档）向用户发送消息。

应用场景：此接口主要用于客服等需要人工消息处理环节的场景，方便公众号为用户提供更加优质的服务。客服接口从一定程度上解决了公众号只能被动回复消息的问题。

3. OAuth 2.0 网页授权接口

功能描述：请求用户授权，获取用户 OpenID 和基本信息，例如昵称、头像、性别、地区等。

应用场景：获取到用户的基本信息后，可以建立公众号自己的账户体系，实现在微信浏览器环境中的自动登录。这个功能将在后续章节中详细介绍。

4. 生成带参数的二维码接口

功能描述：公众号可以获取携带不同参数的二维码，用户通过微信“扫一扫”后，微信服务器会把该参数推送给公众号来实现不同的业务逻辑。

应用场景：对于连锁店的应用来说，可以在不同的门店放不同的二维码，用户扫描后关注公众号，后台可以看到不同门店带来的关注量分别是多少。另外，这个功能还可以用来进行账号绑定和朋友圈的商品分销。

5. 获取用户地理位置接口

功能描述：获取用户进入公众号会话时的地理位置。

应用场景：提供基于地理位置的 LBS 服务（Location Based Service）和导航类服务。

6. 获取用户基本信息接口

功能描述：根据用户的 OpenID 获取用户的基本信息，例如昵称、头像、性别、地区等。

应用场景：获取用户基本信息后，可以建立公众号自己的账户体系，创建 CRM 管理后台等。

7. 获取关注者列表接口

功能描述：获取所有关注者的 OpenID。

应用场景：结合“获取用户基本信息接口”，可以获取所有关注者的基本信息，这样就可以知道是哪些用户在关注公众号，并基于用户数据进行用户画像分析。

8. 用户分组接口

功能描述：可以在微信公众平台后台创建用户分组，并对其进行管理。

应用场景：对不同人群分组，方便管理，从而实现消息的个性化推送。

9．上传 / 下载多媒体文件接口

功能描述：上传或下载多媒体文件到微信服务器，并可以上传一定数量的永久性素材。

应用场景：上传素材到微信服务器，并在推送消息时直接选择这些素材。

这九大高级接口，可以让服务号为用户提供更多的服务和应用场景，例如为商家提供 O2O 类服务等。认证后的订阅号和服务号的主要接口权限和区别如表 3-2 所示（只列举了部分重要接口，完整接口可登录微信公众平台后台进入“开发”→“接口权限”查看）。

表 3-2　　　　订阅号和服务号的主要接口权限

类目	功能	接口	订阅号	服务号
对话服务	发送消息	模板消息（业务通知），100 万次 / 天	○	●
	用户管理	用户分组管理	●	●
		获取用户基本信息，5000 万次 / 天	●	●
		获取用户列表，1000 次 / 天	●	●
		获取用户地理位置	●	●
	推广支持	生成带参数二维码，100 万次 / 天	○	●
		长链接转短链接接口，1000 次 / 天	○	●
功能服务	智能接口	语义理解，10000 次 / 天	○	●
	微信支付	微信支付接口	○	●
	微信小店	微信小店接口	○	●
	微信卡包	微信卡包接口	●	●
网页服务	网页授权	网上授权获取用户基本信息	○	●
	智能接口	识别音频并返回识别结果接口	●	●
	设备信息	获取网络状态接口	●	●
	微信扫一扫	调起微信扫一扫接口	●	●
	微信支付	发起一个微信支付请求	○	●

备注：● 代表拥有此功能，○ 代表无法开通此功能

部分接口每天有调用次数限制，对于粉丝量不大的公众号，微信默认的接口调用次数已经足够使用。接口调用量在短时间内不够用时，可以临时申请提高日调用上限。每 3 个月可申请一次，申请通过后所有接口的调用量提高至默认调用限额的 10 倍，在 15 天内有效。

3.5 微信开发样式库——WeUI

微信客户端以极简主义著称，但是又不失易用性，可谓“简约而不简单”。以微信的“发现”菜单为例，整体分为朋友圈、工具类、陌生人社交、电商和游戏四大类。把常用的“朋友圈”和“扫一扫”放在顶部，而其他与微信聊天及社交主功能关联性不强的功能，都通过一个大类收纳起来，只留一个入口。比如“游戏”这个大类，用户进去后会发现功能特别多，包括搜索、消息、推荐和排行榜等功能，俨然一个游戏栏目的子系统，如图 3-5 所示。我发现，新版本的微信客户端可以进行发现页管理，用户可以自行配置入口的显示和隐藏。

微信客户端的简洁设计现在已经移植到网页端及小程序，并命名为 WeUI。

图 3-5　微信的“发现”和“微信游戏”页面

3.5.1 网页开发样式库

WeUI 的网页开发样式库，是一套与微信原生视觉体验一致的基础样式库，由微信官方设计团队专为微信内网页而设计，用户在微信环境中使用网页时，感觉就像在使用微信的功能一样，使体验更加统一。目前这套基础样式库包含 button、cell、dialog、progress、toast、article、icon 等样式，并已在 GitHub 开源。此外，微信团队还设计了 WeUI-Design 样式库，提供 Sketch 与 PSD 基础样式库的源文件。

WeUI 的源码采用单页面形式，实现了一套简单的页面路由，各页面组件封装到单独的 HTML 文件中，方便维护。部分运行效果如图 3-6 所示。WeUI 对企业的实际项目具有较高的参考价值。在公司的实际项目开发中，对于一些简单的应用可在 WeUI 的基础上直接进行二次开发。使用 WeUI 的网页能在微信环境中营造一个较好的用户体验。本书后续的案例介绍中将使用到 WeUI 的相关基础样式。

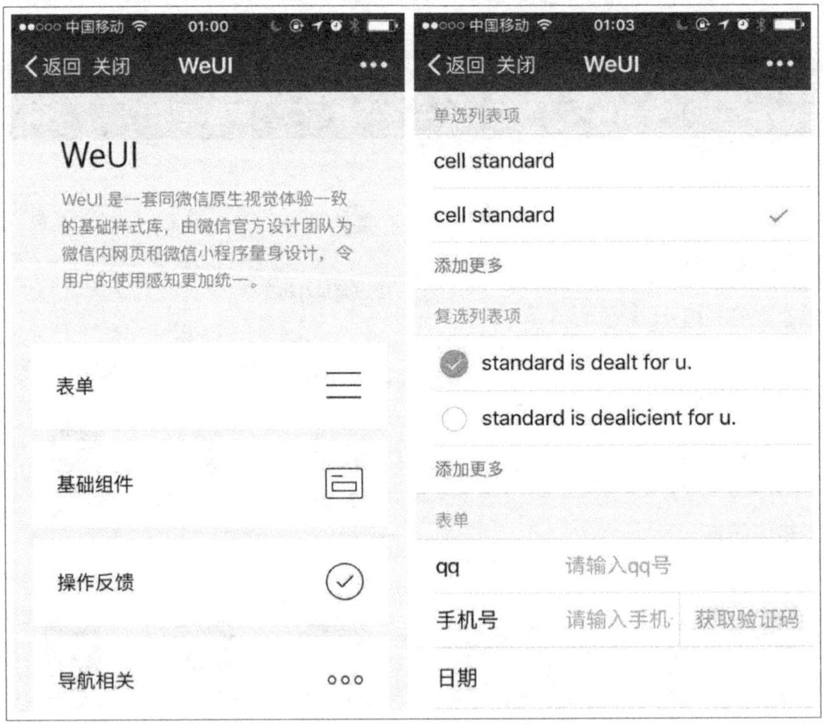

图 3-6　WeUI 网页开发样式库运行效果图

3.5.2　小程序开发样式库

类似于网页开发样式库，WeUI 也有一套为小程序量身定做的开发样式库。该库包含了绝大部分常用的控件和模块，例如 actionsheet、gallery、searchbar 等。WeUI

小程序开发样式库运行效果如图 3-7 所示。

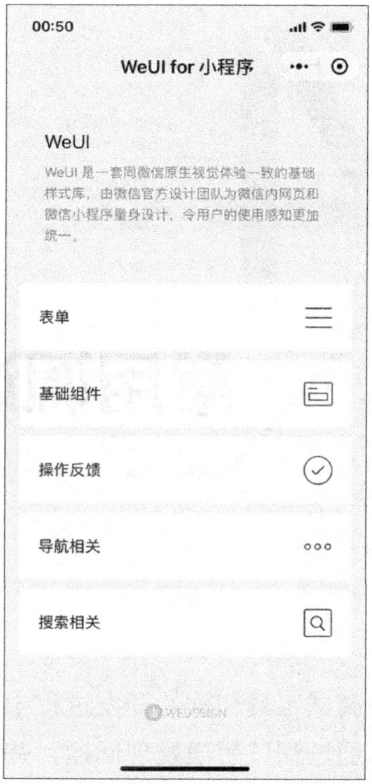

图 3-7 WeUI 小程序开发样式库运行效果图

3.6 小结

本章首先介绍了 OpenID 和 UnionID 的基本概念，它们在公众号的开发中扮演了非常重要的角色。然后介绍了公众号消息会话的流程，分析了消息会话的原理，并详细解释了接入公众号开发者模式的步骤及代码实现。紧接着介绍了服务号的 9 大高级接口，以及服务号和订阅号权限的对比，为后续的章节打下基础。最后简要介绍了微信开发样式库 WeUI 在网页开发及小程序开发中的应用。接下来将介绍微信公众号网页开发的调试工具和方法。

第 04 章 常用调试方法及工具

相信每一名开发者都很清楚调试工具在软件开发过程中的重要性。虽然不存在一个毫无缺陷的软件，但是可以通过测试手段发现问题，并解决或者规避它们。对存在于系统中的 Bug，可以使用调试工具，定位出错的代码位置，设置断点跟踪变量，最终解决问题。所谓“工欲善其事，必先利其器”，说的就是这个道理。

常用的 Web 开发调试工具，都适用于微信公众号的开发调试，例如谷歌浏览器（Chrome）的开发者调试工具、火狐浏览器（Firefox）的 Firebug 插件等。但是，由于微信公众号运行环境具有特殊性，因此，它必须依赖于微信浏览器的运行环境才能调试。因此，微信公众号的开发调试，还需要额外借助微信官方的调试工具。

本章主要介绍 Web 开发的常用调试工具，以及针对微信公众号开发需要掌握的调试工具，为接下来的开发工作做好铺垫。

4.1 微信测试号

对于普通的开发者，想要使用公众号的高级接口权限，需要申请一个服务号并通过微信认证才可以。目前，微信认证只支持企业法人及个体户商户、媒体、政府及事业单位和其他组织 4 种类型的认证。显然，对于一个普通开发者来说，这 4 种认证方式都不适合。因此，微信提供了一种无须申请公众号和微信认证、可直接体验和测试公众平台所有高级接口的方式——微信公众平台接口测试账号。单击“登录”，使用个人微信号“扫一扫”进行扫码，并在手机上进行权限确认，如图 4-1 所示。一个微信号只可申请一个公众平台测试账号。

图 4-1　手机端微信确认登录测试账号系统

确认登录后，进入测试号管理页面。这里包含了测试账号的几个基本信息。

- 测试号信息：包含 AppID 以及 AppSecret。
- 接口配置信息：公众号的回调接口地址以及 Token 信息。
- JS 接口安全域名：使用 JS-SDK 需要绑定的域名信息。
- 测试号二维码：扫码后即可关注该测试公众号。所有要体验该测试号功能的微信用户（如分享给用户的测试号网页链接）都必须先关注该测试号，目前最多支持 100 名关注者。关注后，可以在管理界面看到关注用户列表，它包含关注者的 OpenID，并可以直接移除关注者。
- 模板消息接口：最多支持自定义 10 个微信模板消息，并且测试模板可以任意指定内容。实际上，正式账号的模板消息只能从微信模板消息库中选取，或自定义模板并提交审核。同时，接收模板消息的微信号必须先关注该公众号。

➢ 体验接口权限表：这里包含测试账号的所有权限和设置功能，例如 OAuth 2.0 网页授权的授权回调域名设置。测试号的权限基本能满足常用功能的体验及开发，接口的调用次数会受到限制，不过微信给出的限额已经足够。另外，涉及支付的相关功能也无法使用。测试号与正式服务号的权限接口详细对比如表 4-1 所示。

表 4-1　　测试号与正式服务号的权限接口详细对比

类目	功能	接口	测试号	正式服务号
对话服务	界面丰富	个性化菜单	○	●
功能服务	微信支付	微信支付接口	○	●
	微信小店	微信小店接口	○	●
	微信卡包	微信卡包接口	○	●
网页服务	基础接口	获取 jsapi_ticket	○	●
	微信扫一扫	调起微信扫一扫接口	○	●
	微信支付	发起一个微信支付请求	○	●
	微信卡券	微信卡券相关接口	○	●

备注：●代表拥有此功能，○代表无法开通此功能

测试号的接入与正式服务号的接入方式一样。在“接口配置信息”一栏单击“修改”，填入 URL 和 Token 后单击“提交”验证，如图 4-2 所示。

图 4-2　测试号接口信息填写

4.2 接口在线调试

调用公众平台的 API 接口时，需要附带上接口参数，在参数组装时难免会犯一些小错误，此时可以根据返回的错误码初步判断问题所在。如果要进一步跟踪错误，例如发送的哪个字段参数错误、修改某些参数后的返回值是什么，可以借助微信公众平台接口在线调试工具。该工具的主要用途是帮助开发者检测调用微信公众平台开发者 API 接口时，发送的请求参数是否正确，提交参数后即可获得微信服务器的验证结果，也可用来获取接口调用的 access_token。

目前在线调整工具支持 9 大类型接口的在线调试，分别是基础支持、向用户发送消息、用户管理、自定义菜单、推广支持、消息接口调试、硬件接入 API 接口调试、硬件接入消息接口调试和卡券接口。

在线调试工具的使用也非常简单，选择需要调试的接口类型，填入接口参数，提交后可以看到相应的调试信息。图 4-3 所示为根据 AppID 和 AppSecret 获取公众号 access_token 的接口调试。access_token 是公众号的全局唯一接口调用凭据，公众号各接口的调用都需使用 access_token。接口调试的输出结果如图 4-4 所示。

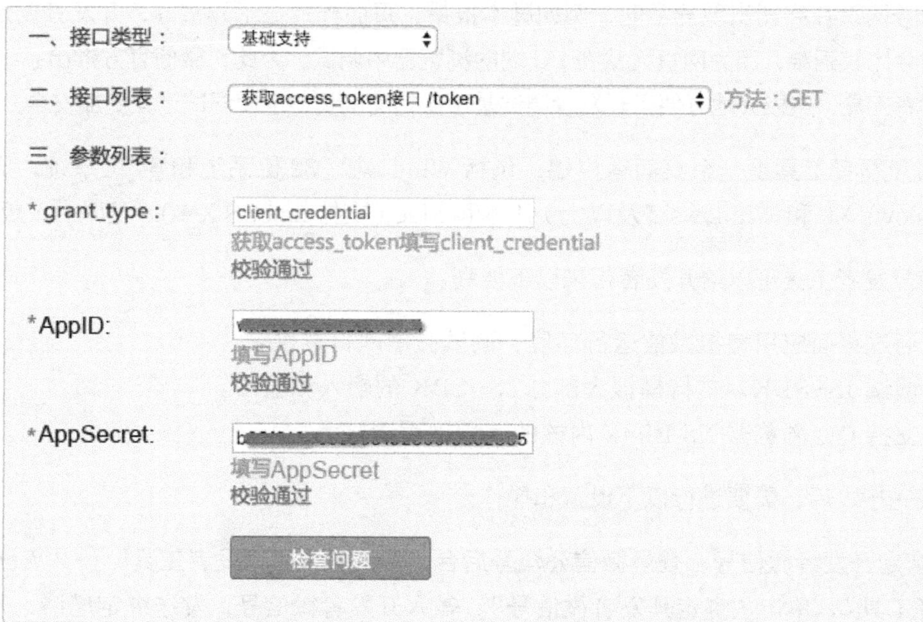

图 4-3 根据 AppID 和 AppSecret 获取公众号 access_token

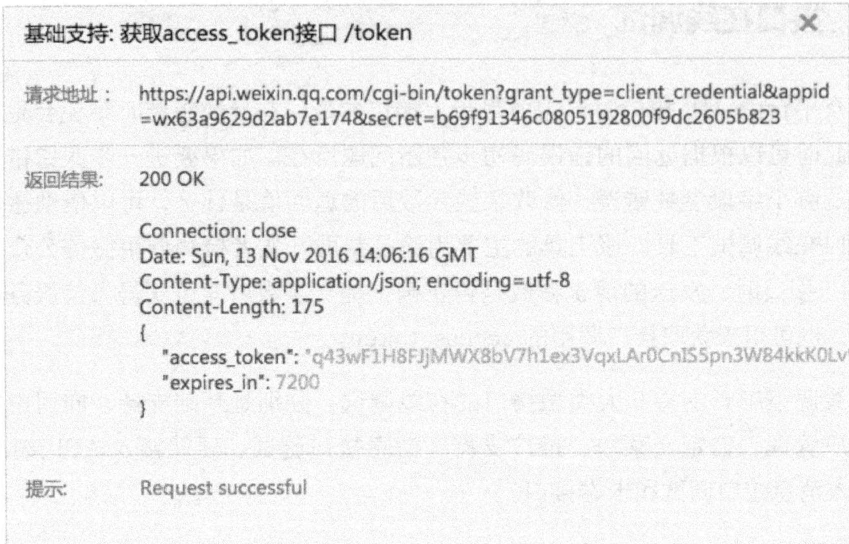

图 4-4　接口调试结果输出

4.3　微信开发者工具

由于微信公众号网页的 OAuth 2.0 授权需要在微信浏览器环境中才能完成，因此，当公众号网页在终端出现异常时，例如脚本报错、页面样式显示异常等，开发者要定位问题会比较困难，因为网页无法在 PC 端的浏览器中调试。为此，微信官方推出了 Web 开发者工具，这极大地方便了开发者调试基于微信的网页，也使调试过程更加安全。

微信开发者工具是一个桌面客户端，包括 Windows（32 位系统和 64 位系统，支持 Windows XP 和 Windows 7 及以上）版本和 Mac（支持 macOS X 10.8 及以上）版本。

微信开发者工具可以给开发者带来以下便利。

- 通过桌面应用模拟微信运行环境，调试微信网页授权。
- 调试 JS-SDK。支持模拟大部分 JS-SDK 的输入和输出。
- 支持 QQ 浏览器 X5 Blink 内核的远程网页调试。

下载完毕之后，需要进行以下设置和操作。

① 绑定开发者微信号。登录微信公众号后台，依次进入“开发者工具”→“Web 开发者工具”，单击“绑定开发者微信号”，输入开发者微信号，发送绑定邀请，开发者在微信客户端接受邀请即可完成绑定。一共可以绑定 10 个开发者微信号。

② 启动微信 Web 开发者工具，使用刚刚绑定的微信号登录微信客户端“扫一扫”二维码登录。

③ 登录成功后，有“小程序项目”和“公众号网页项目”两个调试类型供选择，选择“公众号网页项目”。进入调试工具的主界面，如图 4-5 所示。

经过以上步骤，就可以开始调试公众号网页了。

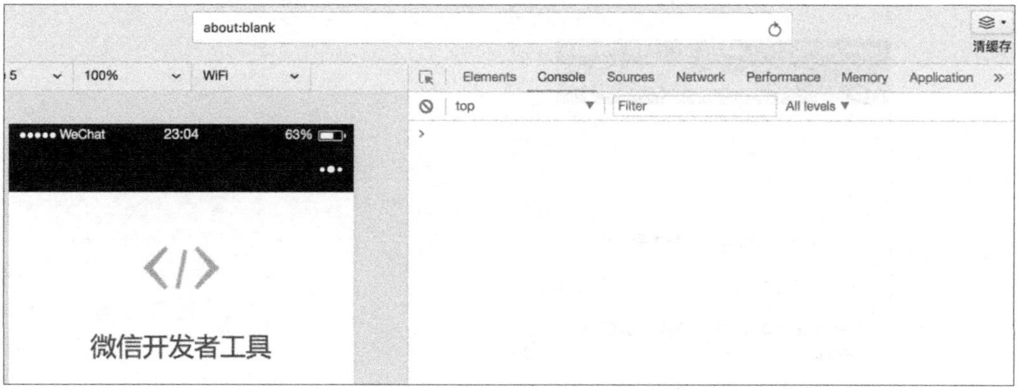

图 4-5　微信开发者工具主界面

4.3.1　微信网页授权调试

接入微信网页授权之后，假如在非微信浏览器环境打开公众号网页，则会显示“请在微信客户端打开链接”的错误提示，如图 4-6 所示。这是由于微信网页授权采用 OAuth 2.0 授权，会跳转至微信授权服务器进行授权，而在非微信浏览器环境无法获取微信用户身份，因此提示错误。

图 4-6　在非微信环境打开公众号授权网页时的错误提示

在调试公众号网页授权功能时，开发者通常需要在手机微信客户端输入 URL 来获取用户信息，进行开发和调试工作。由于手机的诸多限制，因此这个过程很不方便。通过微信开发者工具，可以模拟微信 WebView 环境，在 PC 端进行微信网页调试。

在顶部地址栏输入网页地址，加载完成后，在左侧的微信 WebView 模拟器中会呈现与手机端一样的效果。注意，这里只支持调试微信号绑定过的公众号。

我的授权调试页面地址为 https://wx.hello1010.com，授权模式是 snsapi_userinfo，因此需要手动授权。该效果与在微信客户端打开的效果是一样的，如图 4-7 所示。登录成功后，打印获取到的用户信息，包括了用户 OpenID、昵称和头像等信息，如图 4-8 所示。

图 4-7 确认登录授权

图 4-8 授权成功后打印出用户信息

4.3.2 JS-SDK 权限校验

微信 JS-SDK 是微信公众平台向网页开发者提供的基于微信内的网页开发工具包，开发者可以借助微信客户端，高效地使用拍照、语音、选图和位置等手机系统的原生能力，也可以使用分享、扫一扫和支付等微信客户端特有功能。

与微信网页授权功能一样，在手机端调试 JS-SDK 比较困难。通过 Web 开发者工具，也可以模拟 JS-SDK 在微信客户端中的请求和表现，并在控制台直接看到结果。以微信官方提供的 JS-SDK DEMO 页面为例，在微信 Web 开发者工具的地址栏中输入其网址，如图 4-9 所示。

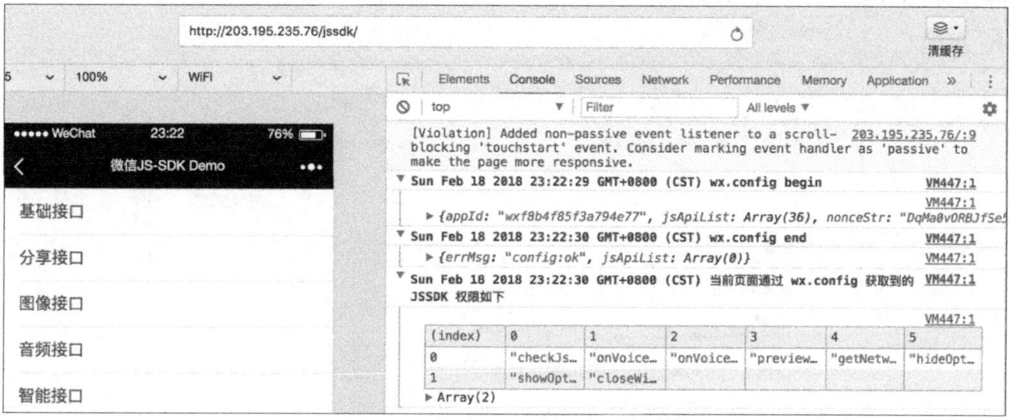

图 4-9 调试 JS-SDK DEMO 页面

控制台会输出 JS-SDK 配置的状态是否正常，并输出 JS-SDK 的权限列表。在左侧可以选择不同的接口进行调试，在右侧的控制台中会有相应输出。需要注意的是，微信 Web 开发者工具并不支持所有的 JS-SDK 接口调试，例如微信支付接口，只能在手机端体验 JS-SDK 微信支付，模拟器无法支持，此时会在控制台中输出消息“chooseWXPay: 没有此 SDK 或暂不支持此 SDK 模拟”。

4.3.3 网页远程调试

微信 Web 开发者工具中的网页调试工具是 Chrome DevTools 的集成方案，它使用桌面端浏览器内核，与移动端的浏览器环境略有差异。因此，在开发者工具中的网页样式呈现和脚本逻辑与移动端网页会有一些不同。在实际项目中，开发者可能会遇到类似的困扰。例如，在本地开发调试时，页面表现正常，但是在手机端预览时却发现异常。开发者此时需要的就是直接调试真机网页，这样方可快速定位问题。如今，微信 Web 开发者工具可以完成这项充满挑战的工作，它可以实时映射手机屏幕到微信 Web 开发者工具，帮助用户更高效地完成网页调试。

按照微信官方的说法，能做到这一点的原因是，微信 Web 开发者工具借助了 Weinre（Web Inspector Remote）的移动调试功能，并与微信浏览器的 X5 Blink 内核进行整合，从而具备了远程调试的能力，如图 4-10 所示。具体调试方法可以按照微信开发者工具的提示步骤进行操作，这里不再做详细介绍。需要注意的是，微信开发者的移动调试功能对移动设备有版本要求，特别是在调试 X5 内核时。如果要实现通用的移动端设备功能，可以借助 weinre 来实现（后面的章节将会详细介绍）。

图 4-10　微信 Web 开发者工具的移动调试功能

4.4　前端调试工具

在开发前端 Web 页面时，需要用调试工具来调试 HTML、CSS 和 JS 代码。根据业务需求，微信公众号的开发可能有一大部分工作会涉及前端页面。因此，常用的前端调试工具都可在微信公众号的网页开发中使用。善于利用调试工具来解决问题也是专业技能的一个体现。

主流的浏览器都有对应的调试工具。例如，Firefox 浏览器开发者工具和 Firebug 插件，Chrome 和 IE（Internet Explorer）也有自己的开发者工具。这类前端开发调试工具，通常具有以下几个主要功能。

- 移动端模拟器和网络环境模拟器。可以模拟出网页在不同移动端设备（Android 和 iOS 设备，可以具体到型号）的显示效果。另外，还可以模拟出不同网络环境（WiFi/4G/2G 等，或自定义网络上传下载速度）下网站的响应速度。
- 强大的控制台。可以执行脚本，断点调试时可以实时查看变量值。
- 可视化修改 HTML 代码、CSS 样式，并实时渲染页面。
- 脚本断点调试。可以跟踪脚本执行路径。
- 按类型查看请求，并对请求进行时间分析。
- 资源查看。Local Storage、Session Storage 及 Cookie 资源的管理。
- 代码分析。可以分析没有被使用的 CSS 样式占比，并提供一些前端优化建议。
- 其他功能。更高级的开发者工具，可以分析内存泄露等问题。

不同的浏览器，由于使用的内核不同，显示效果可能会有略微差异。不过，移动端的浏览器内核大部分是基于 WebKit 的，因此，调试移动端网页时兼容性问题会比 IE 时代好很多。

注意

浏览器内核是浏览器最为重要的部分，核心部分称为渲染引擎 (Rendering Engine)。不同的浏览器内核对 HTML 语法的解释也会有所不同，因此开发者需要在不同内核的浏览器中测试网页显示效果。常见的浏览器内核有以下几种。

- Trident。Windows 平台内核，1997 年在 IE4 中首次被采用，并沿用至 IE11，被称为“IE 内核”。
- Gecko。开源跨平台内核，Firefox 采用的内核。
- WebKit。开源跨平台内核，苹果公司开发的内核，Safari 和 Chrome 采用了该内核，WebKit 在移动设备上应用得较为广泛。

由于历史原因，国内浏览器厂商开发了“双核浏览器”，它通常由 Trident 搭载另外一个内核，Trident 是兼容浏览模式，另外一个内核是高速浏览模式，用户可以来回切换。由于 IE 内核的浏览器进入国内的时间比较早，银行类和政府类的站点都只兼容 IE 内核，因此，双核浏览器有着其存在的必要和价值。

4.4.1 谷歌浏览器开发者工具

我在开发前端网页的过程中，比较倾向于使用谷歌浏览器。它内置了开发者工具，界面简洁、功能强大。下面对其主要功能进行介绍。打开谷歌浏览器，输入调试网页后，通过右上角的设置选择“更多工具”→“开发者工具”，便可打开开发者工具的主界面。在左上角选择移动端模拟器，如图 4-11 所示。

图 4-11　谷歌开发者工具主界面

谷歌开发者工具的主要功能按类型分为九大模块，分别是 Elements、Console、Sources、Network、Timeline、Profiles、Application、Security 和 Audits。这 9 大功能模块的用途和用法，相信开发者都能快速上手并熟悉。下面对 Console、Sources 和 Audits 进行详细介绍。

1. Console

通过开发者工具的控制台可以查看调试信息，例如在 JavaScript 脚本中通过 console.log 方式输出的信息会在控制台中显示，JavaScript 代码的执行也可以在控制台中完成。控制台的角色和操作系统的终端命令行有些类似。下面再介绍一些比较隐蔽的功能。

打印不同类型的日志信息：除了大家熟知的 console.log 方法以外，还有其他更为丰富的日志类型输出。合理地应用 Console 对象的 log、info、warn 和 error 方法，可以使日志输出更为直观，如图 4-12 所示。

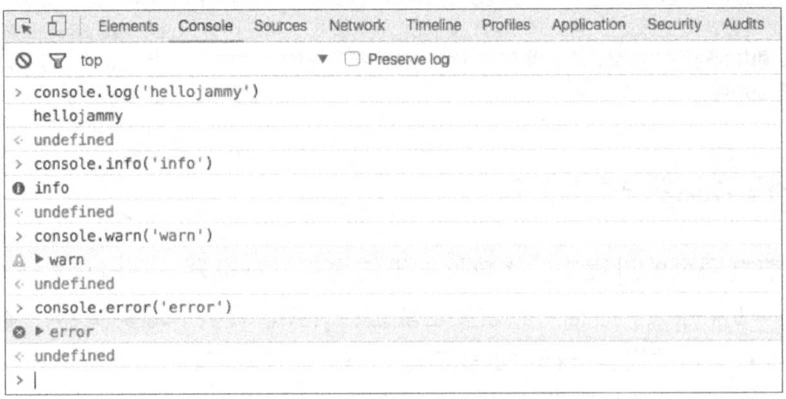

图 4-12　Console 的日志输出

开发者有时候需要知道某个函数的执行时间，Console 也能帮上忙。在 Console 中输入待测试的函数，并在函数开头加上 console.time（“时间测试”），在函数结尾加上 console.timeEnd（" 时间测试 "），执行完毕之后，会在结尾输出函数的执行时间，如图 4-13 所示。从图中可以看出，执行 10 万次整数累加耗时 12.8ms。

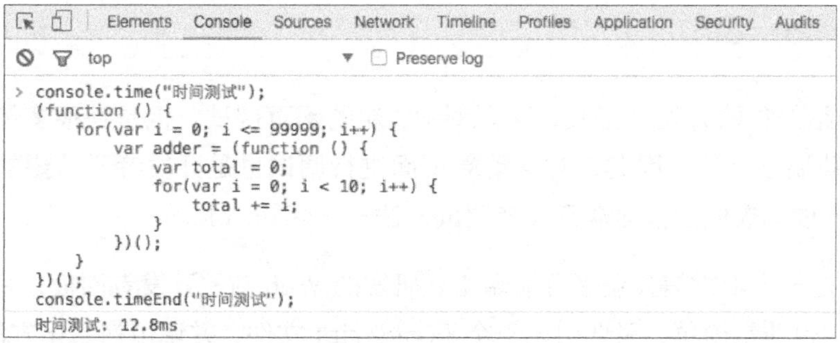

图 4-13　计时功能

要进行更为精确的时间分析，可以使用 console.profile 函数。

Console 对象下面还有很多比较好用的方法，可以根据需要使用。通过打印 Console 对象可以查看所有方法：console.log(console)。当然，日志输出也不是越多越好，我建议，除了某些必须输出的日志以外，线上系统尽量关闭日志。

2. Sources

在 Sources 中可以看到当前页面加载的所有代码，并按照目录结构呈现。Sources 区域的一大用途是断点调试 JavaScript 代码：选择需要调试的文件，在需要调试的代码行中打断点（单击代码行号可打断点），刷新页面之后，代码运行到断点处便会停住，并查看相应的变量值，如图 4-14 所示。

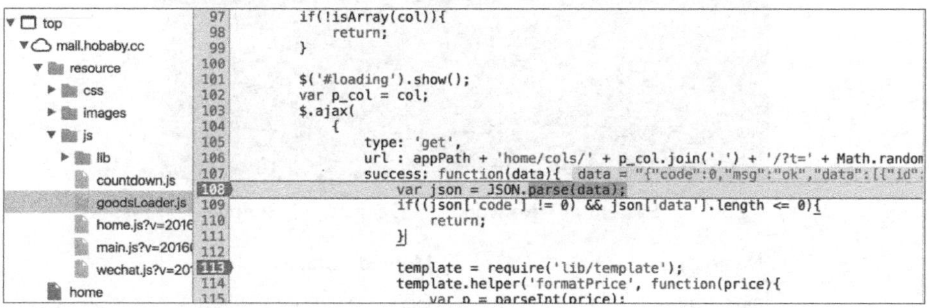

图 4-14　脚本断点调试

3. Audits

开发者工具的 Audits 功能会对网页进行分析，并给出一些优化建议。例如，脚本合并建议、样式未使用提示等。建议开发者在站点上线之前，对这些优化项进行检查，必要时进行适当的优化。关于前端的优化方法，这里不再展开讨论。

4.4.2 vConsole

4.4.1 节介绍的谷歌开发者工具，可以对 PC 端的网页调试。但是在很多情况下，网页是在移动端显示的，因此，对移动端页面进行调试也是开发者所希望的。下面介绍一个接入成本极低的移动端开发者调试方法——vConsole。

vConsole 是一个由微信公众平台前端团队研发的 Web 前端开发者面板，它轻量、可拓展，使用也非常简单，只要引入一个 JavaScript 文件，并调用初始化方法即可。

```
<script src="path/to/vconsole.min.js"></script>
<script>
  // 初始化
  var vConsole = new VConsole();
</script>
```

在实际的项目应用中，可以根据开发者的权限，动态地引入 vConsole，这样就可以产生针对某些开发者可见的 vConsole 调试面板，方便开发者调试线上代码。它包含了谷歌开发者工具的主要功能，例如查看 Console 日志、网络请求、Element 元素、Cookie 和 localStorage 以及执行 JavaScript 脚本。运行效果如图 4-15 所示。

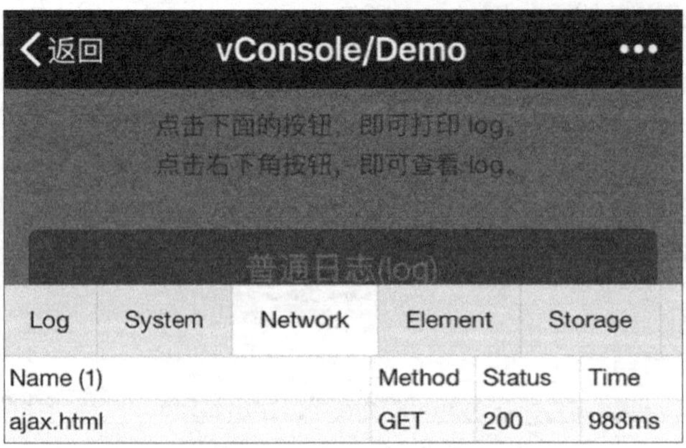

图 4-15　vConsole 的调试面板

4.5 移动端抓包与调试

浏览器的开发者工具和微信 Web 开发者工具都属于模拟器，虽然它们接近真机环境，但是仍旧无法真正还原真实的移动端设备环境。移动端设备系统，特别是开源的 Android 系统，版本众多，加上各手机厂商对 Android 操作系统进行深度定制化等原因，难免会导致同一个页面在不同手机上表现不一致的情况。因此，对于网页在某些移动端设备样式不一致的问题，直接调试真机页面是一个不错的解决方法。

本节来探讨微信移动端开发和调试过程中经常遇到的一些问题，并给出一个较通用的解决方案。首先，梳理一下需求和问题。

- 移动端抓包：查看移动端请求详情——请求是否异常、数据返回是否符合预期、脚本是否报错等。
- 移动端访问本地开发环境代码：在不将代码发布到外网测试环境的情况下，如何做到在移动设备访问本地开发环境代码，做到边开发边在真机上预览。
- 移动端调试：PC 端直接调试移动端网页。

相信很多开发者会有上述 3 个需求。现在根据我之前后端开发的经验，利用现有开发工具给出一个解决方案供大家参考。移动设备调试的整体解决方案如图 4-16 所示。

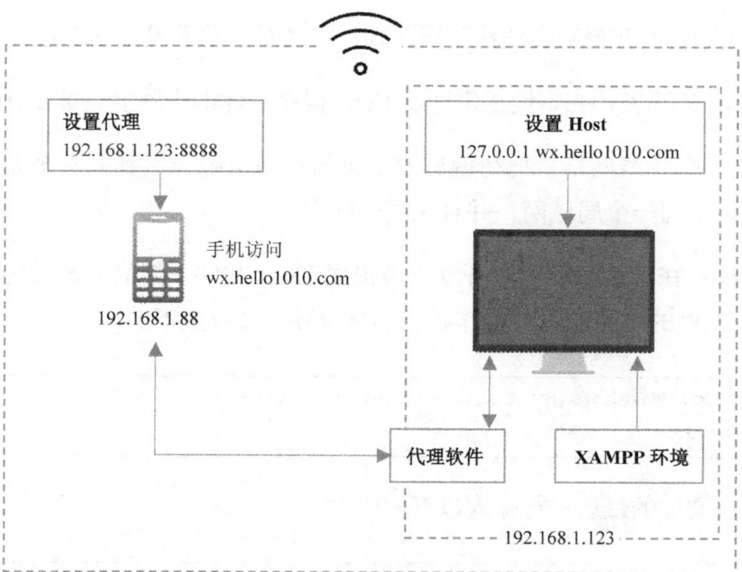

图 4-16　移动设备调试的整体解决方案

上述方案的整体思路是，在同一个无线网络环境下，利用代理软件，把移动设备与桌面电脑连接在一起，并使用 Host 把域名映射到本地。简单地讲，就是移动设备通过电脑来连接网络。图中“XAMPP 环境”的配置方法，可以参见本书 2.2 节中的内容。图中的“代理软件”选择也比较多，在 Windows 环境下可以选择 Fiddler，在 Mac 环境下可以选择 Charles。不过这类代理软件只具备代理上网功能，不具备远程调试页面的能力，要实现远程调试页面，还需要借助其他工具。目前比较好用的是 Weinre 或者是基于 Weinre 的工具（如 spy-debugger）。

注意

在这里简单介绍一下 Weinre，它是移动 Web 调试的利器。Weinre 是 Web Inspector Remote 的简写，它是一种远程调试工具，与 FireBug 和 Webkit inspector 类似。Weinre 主要由 3 部分构成。

- Debug Server。运行在服务端，核心组件，它的本质是一个 HTTP Server，负责与 Debug Client 和 Debug Target 通信。
- Debug Client。与 Debug Server 通信，内置 WebKit 内核，负责展现页面，允许简单的 DOM 元素修改和脚本执行能力。
- Debug Target。目标页面，即待调试页面。

基于 Weinre 的页面调试，需要在被调试的页面中添加一个 JavaScript 脚本，这样才能被 Debug Client 检测到。当然，也有一些基于 Weinre 的工具，可以自动在页面中注入脚本，例如 spy-debuger。

需要注意的是，Weinre 的 Debug Server 是基于 Web Inspector 开发的，而 Web Inspector 只兼容 WebKit 内核浏览器，因此，Weinre 的 Debug Server 只能在 Chrome 或者 Safari 中打开，而无法在 IE 中打开。

下面按照图 4-16 的部署来实践移动端调试，实现对移动端设备的抓包。

① 部署 XAMPP 环境：在本地正常开发 PHP 程序，详细步骤参见 2.2 节的内容。

② 连接到同一个无线网络：把待调试的手机与桌面电脑连接到同一个无线网络，目的是使两者处于同一个局域网，并且在同一网段。

③ 设置 Host：在本地桌面电脑开发环境设置 Host 文件，把需要调试的域名映射到本地。Host 文件的位置在不同操作系统下有差异，命令如下。

```
Windows : c:\Windows\System32\drivers\etc\hosts
Mac : /etc/hosts
```

打开文件，在文件的最后一行输入以下代码。

```
127.0.0.1 wx.hello1010.com
```

④ 安装并设置 spy-debugger：spy-debugger 依赖于 Node 环境，并且需要安装证书。spy-debugger 的详细安装步骤可参见其在 GitHub 上的介绍文档。

⑤ 手机设置代理：假设桌面电脑的 IP 地址是 192.168.1.123，则把移动设备的代理 IP 地址设置为这个地址，端口号使用 spy-debugger 的默认端口号 9888；在 iOS 设备中，设置路径为“设置”→“Wi-Fi”→“HTTP 代理”→“手动”，如图 4-17 所示。

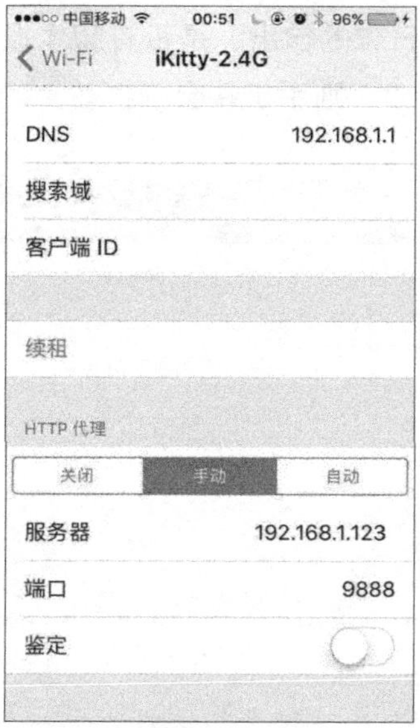

图 4-17　在 iOS 设备中设置 HTTP 代理

⑥ 启动 spy-debugger：输入 spy-debugger 启动，如图 4-18 所示。-b 参数设置为 false，代表需要抓取所有的 HTTPS 请求（默认只拦截浏览器发起的 HTTPS 请求）。启动成功后，会在默认浏览器中自动打开一个调试页面，假如没有自动打开页面，可以按提示手动输入地址。

```
➜ ~ spy-debugger -b false
正在启动代理
本机在当前网络下的IP地址为: 192.168.1.104
node-mitmproxy启动端口: 9888
浏览器打开 ---> http://127.0.0.1:50930
```

图 4-18　启动 spy-debugger

⑦ 移动设备访问网页：在微信端打开网页，接下来即可进行调试操作。注意，在手机端发出的所有 HTTP 和 HTTPS 请求，都会被 spy-debugger 拦截，因此可以在

微信端、手机 QQ、手机浏览器等入口打开页面并进行调试。

⑧ 移动调试：spy-debugger 打开的调试页面，顶部分为两部分，分别是“调试页面”和“抓包”，如图 4-19 所示。在“调试页面”这一栏，左侧有 6 个小工具，与浏览器的开发者调试工具比较类似。在“Remote”中可以看到正在调试的页面以及连接成功的设备；“Elements”是手机端页面的 HTML 代码，可以进行简单的样式修改、样式定位、页面元素定位、元素之间的鼠标移动，并实时地映射到手机端。另外，还可以在“Console”中看到日志的输出、是否有脚本报错等信息，也可以执行脚本，例如在控制台输入 alert('hello')，则手机端会弹框。

图 4-19　spy-debugger 网页端主界面

⑨ 移动抓包：切换到“抓包”一栏，会看到移动设备的所有 HTTP 和 HTTPS 请求。单击其中任何一个请求，都可以看到对应的请求详情。spy-debugger 内置 AnyProxy 提供的抓包功能，通过设置外部代理和其他抓包代理工具与其一起使用（如 Fiddler 和 Charles)，可以看到更加直观和详细的网络请求数据包。我使用 Charles，它的 HTTP 代理端口是 8888，输入以下命令启用。

```
spy-debugger -b false -e http://127.0.0.1:8888
```

此时，在手机端访问 wx.hello1010.com，实际上访问的是 PC 端的站点代码，因为这里配置了 HOST，这时即可在手机端直接预览本地 PC 端开发的代码。

经过以上几个步骤，就实现了移动抓包、移动调试以及手机端直接访问 PC 端开发版本页面。另外，对于某些需要绑定域名的接口，例如微信 JS-SDK，这种方案也可以在不将代码发布到外网服务器的情况下，直接对其进行使用。

需要注意的是，某些企业的内部网络策略会有一些限制，从而导致上述方案无法实施。假如数据在家里的网络环境下有效，而在企业的网络环境下失效，建议找到企业中负责网络管理的人员，询问是否有网络策略限制。

最后需要提醒的是，调试完成之后，记得关闭手机的 HTTP 代理，否则电脑关机之后，手机也将无法上网。

Charles 抓包工具

前面介绍的移动端调试和抓包方法是一个整体解决方案，有时候并不需要调试页面，而只是想对移动端进行抓包，这时使用代理软件就可以达到目的。我推荐使用的是 Charles，它有 Windows 和 Mac 两个系统的版本。在 Windows 系统中，我推荐使用 Fiddler。

Charles 与一般代理软件所具有的功能相似，例如支持 SSL 代理、流量控制、AJAX 调试、重发网络请求、修改网络请求参数等。

安装 Charles 并启动，依次进入“Proxy”→“Proxy Settings”，选中 Proxies 这一栏，在 HTTP Proxy 中，勾选 Enable transparent HTTP proxying，设置端口号，如图 4-20 所示。然后进行手机的代理设置，端口号与 Charles 中的设置保持一致。这里需要注意的是，手机和电脑需要连接到同一个无线网络环境中。手机和电脑都设置完成之后，就可以在手机端进行页面访问了。此时，可以在 Charles 中看到所有的 HTTP 和 HTTPS 请求，并进行数据包分析。

使用代理软件实现手机端的数据抓包，简单地理解其原理就是，手机通过电脑进行网络访问，手机的所有 HTTP 请求都需要经过 PC 端。既然是通过电脑来访问，那么 PC 端的 HOST 设置也会对手机端的网络请求生效，手机端的网络访问，会应用 PC 端的 HOST 规则，这样可以带来两个好处。

一个好处是无须设置移动设备的 HOST。在移动设备中配置 HOST，通常需要超级管理员权限，通过越狱或者 ROOT 才能获取相应的权限，门槛较高。而在移动设备中设置 HOST 又是测试人员需要经常用到的一项技能。例如，要将新开发的接口部署在测试环境中，需要在 APP 中验证该接口，此时，就可以在 PC 端把域名映射到测试服务器的 IP 地址。这样设置后，APP 中与该域名相关的请求都会发送到测试服务器，从而实现不发布 APP 版本就能调试新接口的目的。

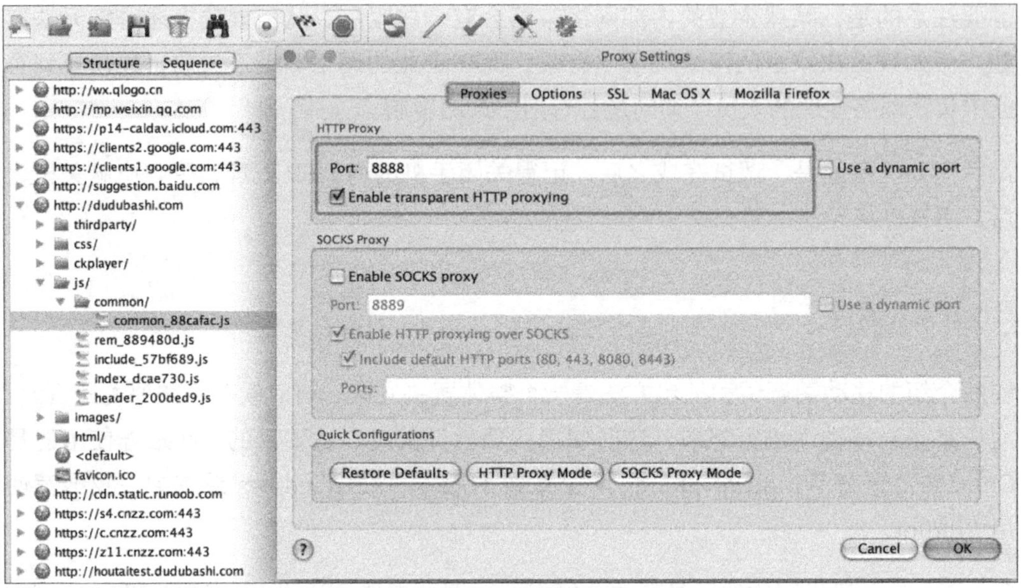

图 4-20　Charles 中设置 HTTP 代理

另一个好处是可以定向访问某一台外网服务器。假设一个场景，为解决高并发问题，某站点使用负载均衡技术来分流请求，将站点部署在 A、B、C 这 3 台服务器上。现有新功能要上线，在测试环境验收通过后，需要发布到正式环境。通常的做法是先使某台线上服务器离线（从负载均衡列表中剔除，用户请求不会被分配到该服务器，例如服务器 A），发布最新代码到该服务器，验证功能，通过后再发布到所有服务器，这个过程也称为离线发布。现在的问题是，如何保证测试人员能访问到发布了最新代码的服务器。方法很简单，就是配置 PC 端的 HOST，这样就可以把请求直接映射到服务器 A。假如需要在手机端验证站点，也可以使用刚刚介绍的 Charles 代理软件来实现。

4.6　小结

本章介绍了微信公众号开发过程中涉及的主要调试工具和方法，包括微信测试号、公众号接口在线调试、微信 Web 开发者工具、前端调试工具以及移动端的抓包与调试。有些调试方法，例如移动端的抓包和调试解决方案，不仅适用于公众号的开发，还适用于其他类型站点的开发调试。接下来，将开始介绍微信公众号网页开发相关内容。

第二部分

第05章 微信网页开发

网页是公众号承载信息和服务的主要载体之一，结合 HTML 5 和 CSS3 等技术，可以在公众号承载的网页中创造出更多体验效果更好的服务。在微信浏览器环境中的网页，可以通过 WeixinJSBridge 等技术，结合微信 JS-SDK 提供原生 API 的访问能力，同时也可以直接使用微信分享、扫一扫、卡券和微信支付等功能，为微信用户提供更加优质的网页体验服务。

本章主要介绍与微信网页开发相关的技术性问题，包括微信网页授权和微信 JS-SDK 的使用，分析微信公众号网页开发现存的问题，并给出参考性解决方案和思路。

5.1 微信网页授权原理

用户在微信客户端访问第三方网页时，公众号可以通过微信提供的网页授权机制来获取用户的基本信息，例如 OpenID、昵称、头像和性别等，进而实现业务逻辑。其中的 OpenID 信息可以让开发者识别同一个微信用户，实现基于微信号的账户体系，也可以打通现有的账户体系，进而实现微信公众号用户与现有站点用户的账户互通。微信提供的网页授权功能，可以为开发者提供更多的优质服务。

微信网页授权基于 OAuth 2.0 的鉴权体系，用户同意授权之后，网页就可以获取微信用户的基本信息。业界主流的开放平台都采用这种机制来授权第三方开发者获取用户的基本信息。

5.1.1 网页授权注意事项

在进行微信网页授权之前，需要了解几个关于授权的概念。

- 网页授权作用域 scope：微信网页授权的作用域分为 snsapi_base 和 snsapi_userinfo 两种。

当 scope=snsapi_base 时，为静默授权模式。无须用户主动授权，即可获取用户的 OpenID。用户对整个授权过程无感知，因为这是后台静默授权的，所以用户的感知就是直接进入了业务页面。

当 scope=snsapi_userinfo 时，需要用户主动授权。这种授权模式需要用户主动授权（单击“授权”按钮），因为它获取了用户的基本信息（除了 OpenID 外，还有昵称、头像和所在城市等信息）。需要特别注意的是，采取这种授权作用域，用户无须关注公众号也可以完成，因为授权是经过用户主动同意的。另外，假如用户是通过公众号会话或菜单进入的网页，则也是静默授权，用户无感知。

- 网页授权回调域名的设置：网页授权获取到授权 code 之后，会跳转至 redirect_uri 地址，出于安全方面的考虑，微信要求该回调地址必须在公众号后台配置，并要求该域名是经过 ICP 备案的，填写的域名或路径需要与实际回调 URL 中的域名或路径相同。假如不一致，则在进行网页授权时将会提示“redirect_uri 参数错误”。进入公众号后台，依次进入“公众号设置”→“功能设置”→“网页授权域名”，如图 5-1 所示。下面给出一个设置实例。

```
回调地址：http://wx.hello1010.com/wechat/auth
合法的授权回调页面域名：wx.hello1010.com
```

开发者只能设置一个网页授权回调域名，因此，对于同一个公众号下的多个域名使用网页授权的应用场景将无法实现。但是可以通过一些巧妙的方法来绕开这个限制，稍后的章节有详细介绍。

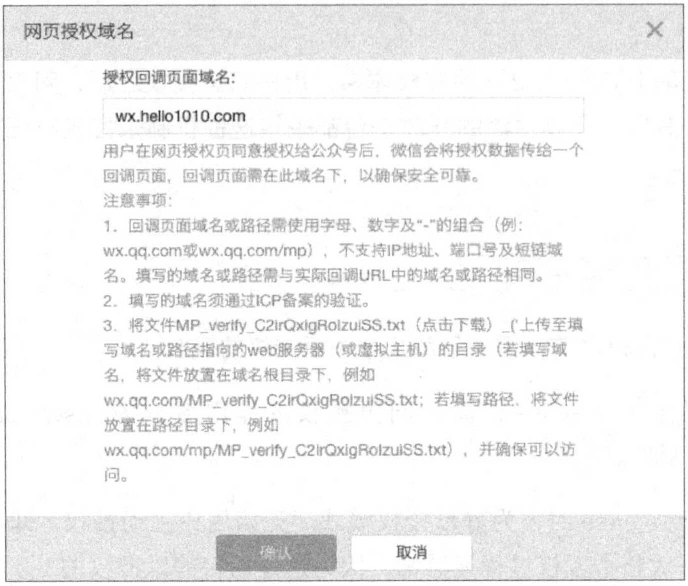

图 5-1　设置微信网页授权回调域名

5.1.2　网页授权流程

下面就微信网页授权过程中涉及的多个角色以及它们之间的交互关系作简要分析。授权基本流程如图 5-2 所示。

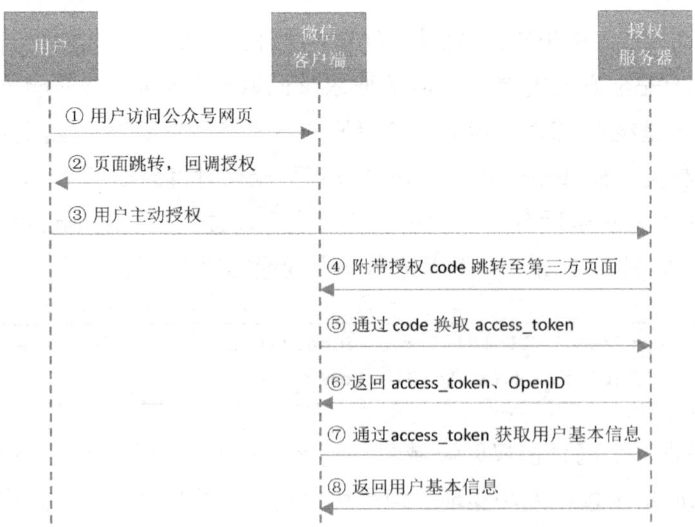

图 5-2　微信网页授权基本流程

① 用户访问公众号网页：用户在微信环境访问公众号网页。

② 网页跳转，回调授权：通过公众号后台代码逻辑进行网页跳转，跳转至微信 OAuth 2.0 授权服务器地址。在该地址中带上公众号 AppID、回调页面地址 redirect_uri、授权作用域 scope 以及自定义信息 state。需要注意的是，这里的 redirect_uri，是获取到 code 之后需要跳转到的页面，通常是发起授权的页面，即当前页面。该地址需要编码，否则无法正确完成授权。

③ 用户主动授权：当第②步中的授权作用域 scope=snsapi_base 时，不会有该步骤的主动授权，可以直接跳过；当 scope=snsapi_userinfo 时，会执行此步骤。需要用户主动单击授权，才能获取用户基本信息。假如用户拒绝授权，则会自动关闭页面。

④ 附带授权 code 跳转至第三方页面：用户主动授权之后，微信授权服务器认为这是一个有效的授权，生成授权 code，然后跳转至第②步设置的 redirect_uri 中，并在跳转链接中附带授权 code。同时，也会把用户设置的 state 参数原样返回。

⑤、⑥ 通过 code 换取 access_token 和 OpenID：公众号网页后台获取到授权 code 之后，用其换取网页授权 access_token 和 OpenID，并刷新 access_token 的 refresh_token 和 access_token 的过期时间。当第②步中设置的授权作用域为 snsapi_base 时，授权到此为止，此时已经获取到用户的 OpenID 信息，即完成了用户的身份鉴别。code 只能使用一次，5min 未被使用即自动过期。

⑦、⑧ 通过 access_token 获取并返回用户基本信息：当第②步中设置的 scope 为 snsapi_userinfo 时，才能使用 access_token 获取用户基本信息。

5.2　微信网页授权实例

了解了微信网页授权基本原理之后，接下来封装一个简单版本的网页授权类库，实现微信网页授权的全流程。主要设计思想是，在 MY_Controller 中提供 check_login 方法，检查用户是否已经授权登录过，假如没有授权，则跳转到授权页面进行授权。整个授权流程参见 5.1.2 节的授权流程介绍。授权完成后，把授权后获取到的用户基本信息（OpenID、昵称、头像等）保存到用户会话 session 中，页面跳转到来源页面。这样设计的好处是，可以在任何一个页面调用 check_login

方法。

下面介绍几个主要文件的代码实现，完整的示例可以参考本书的完整项目代码。

core/MY_Controller.php 文件主要检查是否已授权、授权参数组装以及页面跳转逻辑等相关代码，如代码清单 5-1 所示。

代码清单 5-1

```
        /**
         * 检查是否已经授权登录
         */
        function check_login()
        {
            $social_info = $this->session->userdata(KEY_SOCIAL_USER_INFO);
            if (empty($social_info)){
                // 自动授权，这里会进行多次页面跳转
                $this->auth_redirect();
            }
    }

    /**
       * 跳转到统一登录页面进行登录
       * @param array $wx_params
       */
    public function auth_redirect($wx_params = array()){
         $social_info = $this->session->userdata(KEY_SOCIAL_USER_INFO);
         if(empty($social_info)){
             $wx_params['__callback'] = $this->request_url();
               $redirect_url = $this->config->item('root_path') . 'auth?' .
http_build_query($wx_params);
            log_message('debug', '##redirect to auth, url:' . $redirect_url);
            header("Location: $redirect_url");
              exit;
         }
    }

    /**
       * 获取当前页面 URL
       * @return string
       */
```

```
    function request_url()
    {
        $protocol = (!empty($_SERVER['HTTPS']) && $_SERVER['HTTPS'] !== 'off' ||
$_SERVER['SERVER_PORT'] == 443) ? "https://" : "http://";
        return "$protocol$_SERVER[HTTP_HOST]$_SERVER[REQUEST_URI]";
    }
```

主要方法是 auth_redirect，首先通过检查用户 session 中是否有授权信息。假如没有，则跳转至授权页面进行授权，并带上 __callback 参数，该参数就是当前页面的地址。实现授权之后，再回到当前页面。其他可处理参数也能够通过 $wx_params 数组来传递。

跳转到授权页面，对应的是 index 方法，在这里主要处理微信网页授权。controllers/Auth.php 的内容主要如代码清单 5-2 所示。

代码清单 5-2

```
/**
 * 授权获取用户基本信息，这里可以接入多种授权方式，例如微信、手机QQ等
 */
public function index(){
    log_message('debug', '[auth] request_url:' . $this->request_url());
    $query_arr = array();
    $query_str = $_SERVER['QUERY_STRING'];
    if(!empty($query_str)){
        parse_str($_SERVER['QUERY_STRING'], $query_arr);
    }
    if(!$this->session->userdata('__return_url')){
        //设置回调地址
        $callback_url = $this->config->item('app_path');
        if(isset($query_arr['__callback'])){
            $callback_url = $query_arr['__callback'];
        }
        $this->session->set_userdata('__return_url', $callback_url);
    }

    $this->load->library('auth/wechatauth', $query_arr);
    $this->wechatauth->auth();
    //跳回原来的页面
    $return_url = $this->session->userdata('__return_url');
    $this->session->unset_userdata('__return_url');
```

```
        if($return_url){
            $this->session->unset_userdata('__return_url');
            $redirect_url = $return_url;
            log_message('debug', '[auth], return to : ' . $redirect_url);
        }else{
            $redirect_url = $this->config->item('app_path');
            log_message('debug', 'no return url, return to : ' . $redirect_url);
        }
        header("Location: $redirect_url");
        }
```

index 方法处理页面的跳转逻辑。这里会把上一个页面传递过来的 __callback 参数保存到 session 中。在微信授权完成之后，再从会话中取出该值并做重定向。这样做的原因是兼容其他平台的授权接入，比如手机 QQ 的授权流程。授权完成之后（与微信授权不同）直接跳转到后台设置的地址，而非通过 redirect_uri 参数传递过去的地址，此时将无法获取来源页面的地址。因此，在这里把来源页面地址保存到 session 会话中，等授权完成之后，再从会话中取出并进行跳转。另外，在跳转之前要把该值清除，这样可以减小服务器会话的内存占用。

到目前为止，还没有进入到真正的授权代码中。整个授权的核心代码在 libraries/auth/Wechatauth.php 中，如代码清单 5-3 所示。

代码清单 5-3

```
<?php
/**
 * create at 16/09/29
 * @author hellojammy
 * @version 1.0
 * 微信网页授权成功后，session 中的 KEY_SOCIAL_USER_INFO 存放授权得到的信息，
如 OpenID 等
 */

require_once  'Authbase.php';
class WechatAuth extends Authbase{
    private $config = array
    (
        'auth_scope' => 'snsapi_userinfo', // 授权作用域，默认为获取 snsapi_userinfo
        'state'      => '', // 回调附加参数
        'get_auth_code_only'  => false, // 是否只是获取授权 code
```

```
        );

        function __construct($custom_config = array())
        {
            parent::__construct();
            $this->config = array_merge($this->config, $custom_config);
            //设置参数
            $wx_params = array(
                'token' => $this->CI->config->item('app_token'),
                'appid' => $this->CI->config->item('app_id'),
                'appsecret' => $this->CI->config->item('app_secret'),
            );
            //实例化 wechat 对象
            $this->CI->load->library('wechat', $wx_params);
        }

        /**
        * 微信 OAuth 2.0 授权过程
        */
        function auth(){
            log_message('debug', '[wechat_auth] from_url:' . $this->request_url());
            //是否已授权
            $auth_data = $this->CI->session->userdata(KEY_SOCIAL_USER_INFO);
            if(!empty($auth_data) && !$this->config['get_auth_code_only']){
                return;
            }

            if(!isset($_GET['code'])){
                $url = $this->CI->wechat->getOauthRedirect($this->request_url(),
$this->config['state'], $this->config['auth_scope']);
                redirect($url);
                exit;
            }else if(!$this->config['get_auth_code_only']){
                $base_data = $this->CI->wechat->getOauthAccessToken();
                if('snsapi_base' === $this->config['auth_scope']){
                    $auth_data = array(
                        'authorize_time' => time(), // 授权时间
                        'social_id' => $base_data['openid'],
                        'access_token' => $base_data['access_token'],
                        'refresh_token' => $base_data['refresh_token'],
                        'bind_type' => SOCIAL_BINDER_TYPE_WECHAT,
                        'expired' => !empty($base_data['expires_in']) ?
```

```
$base_data['expires_in'] + time() : 0,
                            );
                        }else if('snsapi_userinfo' === $this->config['auth_scope']){
                            $rich_data =
    $this->CI->wechat->getOauthUserinfo ($base_data['access_token'],
    $base_data['openid']);
                            if(!empty($rich_data)){
                                $auth_data = array(
                                    'authorize_time' => time(), //授权时间
                                    'social_id' => $base_data['openid'],
                                    'union_id' => isset($rich_data['unionid']) ?
    $rich_data['unionid'] : '', //绑定了微信开发平台才会有该值
                                    'access_token' => $base_data['access_token'],
                                    'refresh_token' => $base_data['refresh_token'],
                                    'bind_type' => SOCIAL_BINDER_TYPE_WECHAT,
                                     'expired' => !empty($base_data['expires_in']) ?
$base_data['expires_in'] + time() : 0,
                                    'nickname' => $rich_data['nickname'],
                                    'province' => $rich_data['province'],
                                    'city' => $rich_data['city'],
                                    'country' => $rich_data['country'],
                                    'year' => isset($rich_data['year']) ?
    $rich_data['year'] : 0,
                                    'avatar_url' => stripslashes($rich_data['headimgurl']),
                                    'gender' => $rich_data['sex']
                                );
                            }else{
                                show_error('微信授权失败', 401, '出错了:(. code:0x688');
                                log_message('error', 'wechat_auth_fail:401');
                                return;
                            }
                        }else{
                            show_error('微信授权失败类型不存在', 402, '出错了 :( .
code:0x689. type:' . $this->config['auth_type']);
                            log_message('error', 'wechat_auth_scope_not_exists:402');
                            return;
                        }

                        if(isset($auth_data)){
                          $this->CI->session->set_userdata(KEY_SOCIAL_USER_INFO,
$auth_data);
                          log_message('DEBUG','auth data: '.json_encode($auth_data));
```

```
                }
            }
        }

        /**
        * 获取当前页面地址
        */
        private function request_url(){
            $protocol = (!empty($_SERVER['HTTPS']) && $_SERVER['HTTPS'] !== 'off'
|| $_SERVER['SERVER_PORT'] == 443) ? "https://" : "http://";
            return $protocol . $_SERVER['HTTP_HOST'] .$_SERVER['REQUEST_URI'];
        }
    }
```

wechatauth.php 的核心实现是 auth 方法，其遵循 OAuth 2.0 标准授权流程。if(!isset($_GET['code'])) 中的代码逻辑是，跳转到授权服务器，对应到授权流程图中的第③步和第④步；接下来的 else 逻辑，则对应到第⑤步～第⑧步，获取到用户信息后，对信息进行加工处理，方便后续的使用。例如把 OpenID 放到 social_id 中，代表社交平台的用户 ID。另外，对授权方式 bind_type 也进行了设置。

需要注意的是，config 配置中的 get_auth_code_only 参数，代表此次授权是否只需获取授权 code，默认为 false。在接下来要讲解的微信多域名授权中，这个参数将会设置为 true，代表只需要获取授权 code，无须进一步获取用户基本信息。

至此，完整的微信网页授权就完成了，用户基本信息保存在 key 为 _key_social_user_info 的 session 中。为了方便测试，我在 controllers/Home/index 中调用了 check_login 方法，并打印出授权完成之后的页面地址，在微信端打开 http://wx.hello1010.com/?a=hellojammy&b=helloworld，页面进行数次跳转。授权完成之后的页面结果输出如图 5-3 所示，通过 var_dump 的方式打印出的授权信息如图 5-4 所示。

注意

我提供的微信网页授权类库对发起授权请求的页面地址有一个小要求：URL 中不能有 code 参数。因为它会与授权 code 参数重名。假如 URL 中带有 code 参数，将会导致授权失败。建议读者编写自己的授权逻辑代码时不要在 URL 参数中使用 code 作为参数传递。

图 5-3 授权完成后回到源页面

图 5-4 授权成功之后打印出授权信息

5.3 微信网页多域名授权

微信后台只能绑定一个授权回调页面域名，这意味着对于同一个公众号，授权成功后，只能跳转到一个域名下。对于公众号开发者而言，这个限制可能会带来不小的麻烦。比如，公众号的网页授权域名已经绑定到 a.hello1010.com，现在由于业务发展的需要，新增一个项目并使用新域名 b.hello1010.com，但是这个新项目需要在原有的公众号基础之上进行开发。那么问题来了，b.hello1010.com 域名下的所有页面将无法使用微信网页授权，会提示“redirect_uri 参数错误”。

我在实际的开发过程中也会遇到上述问题，微信的官方文档并未针对这类问题给出解决方案。下面分析微信网页授权流程，并给出一个可行的解决方案来满足多个域名下的微信网页授权。

5.3.1 原理分析

在微信公众号后台设置授权回调页面域名的下方，有一段文字说明：“用户在网页授权页同意授权给公众号后，微信会将授权数据传给一个回调页面，回调页面需在此域名下，以确保安全可靠。”。这段文字说明的关键是，需要在此域名下的是回调页面，而不是授权发起页面。

再回过头来看微信网页授权的流程（参考 5.1.2 节）。授权流程的关键是需要到微信授权服务器换取授权 code，换取成功后，再回调到某个域名，这个域名就是在后台设置的域名。接下来的授权步骤，比如通过 code 换取 access_token，通过 access_token 获取用户基本信息，都不涉及页面跳转，只是后台的 API 调用，因此这些步骤不会对域名有所限制。

通过上述的分析，可以得出一个结论：微信网页授权的授权回调页面域名，只对获取授权 code 的域名有限制，并不会对使用授权 code 的域名做限制。因此，解决方案思路是所有需要经过微信网页授权的网页，都通过某个中间页面来获取授权 code，获取成功之后，再回到来源页面，来源页面使用授权 code 获取 access_token 和用户基本信息。整个授权流程如图 5-5 所示。

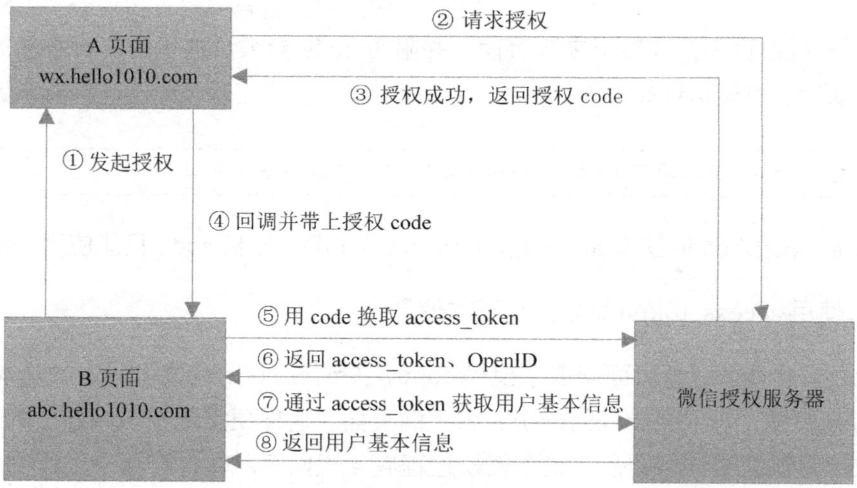

图 5-5 通过统一授权域名实现微信多域名授权

假设在微信公众号后台设置的网页授权域名为 wx.hello1010.com，现在有一个域名 abc.hello1010.com 要发起网页授权获取用户基本信息，完整的授权流程描述如下。

① 进入 B 页面（地址为 http://abc.hello1010.com ?a=abc)，检测到未授权，进入 A 页面发起网页授权，并带上 __callback 参数。这里的网页跳转为 B 页面→ A 页面。跳转地址如下。

```
http://wx.hello1010.com?__callback=http://abc.hello1010.com?a=abc
```

② 进入 A 页面，组装参数，进入微信授权页面。这里的网页跳转为 A 页面→微信授权地址，跳转地址如下（省略了非关键部分地址）。

```
    https://open.weixin.qq.com/connect/oauth2/authorize?redirect_uri=%20http://wx.hello1010.com?__callback=http://abc.hello1010.com?a=abc&appid=APPID%20&response_type=code&scope=snsapi_userinfo&state=STATE#wechat_redirect
```

③ 授权成功，把授权 code 附加到回调地址。这里的网页跳转为微信服务器→ A 页面，跳转地址如下。

```
    http://wx.hello1010.com?__callback=http://abc.hello1010.com?a=abc&code=CODE&state=STATE
```

④ 从同一授权页面，跳转至来源页面，并附带 code 参数。这里的网页跳转为 A 页面→ B 页面，跳转地址如下。

```
    http://abc.hello1010.com?a=abc&code=CODE&state=STATE
```

⑤、⑥ 使用授权 code 获取 access_token 和 OpenID，授权 code 只能使用一次。

⑦、⑧ 使用 access_token 请求用户基本信息。

经过上述几个步骤，B 页面获取了授权 code，并通过 code 获取了用户的基本信息。这里的 B 页面，可以换成任何一个域名下的页面。这样便实现了多域名下的微信网页授权。不过需要注意的是，整个授权过程有 4 次网页跳转，会从一定程度上带来不佳的用户体验，不过由于跳转速度比较快，因此用户的感知并不明显。这再次说明，由于微信 OAuth 2.0 授权回调时会使用 code 参数，因此请求授权的地址中，不能带有 code 参数，否则会被授权 code 覆盖。读者可以根据需要改造代码使其兼容。

5.3.2 代码实现

看了以上的文字描述，相信大家已经跃跃欲试了，下面给出完整的代码和解析。

这里在原有网页授权代码的基础之上，新增了几个方法，主要修改的文件是 core/MY_Controller.php 和 controllers/Auth.php。

core/MY_Controller.php 中新增了一个 check_login_multiple 方法，用来进行多域名授权跳转，对应授权流程的第①步。得到授权 code 之后，获取用户基本信息的过程，对应授权流程的第⑤～⑧步。这个方法需要放到新项目的代码中，其中的 $redirect_url 变量是统一授权地址（图 5-5 中的 A 页面地址），如代码清单 5-4 所示。

代码清单 5-4

```
        /**
         * 微信多域名授权
         */
        function check_login_multiple(){
            $social_info = $this->session->userdata(KEY_SOCIAL_USER_INFO);
            if(empty($_GET['code']) && empty($social_info)){
                $wx_params['__callback'] = $this->request_url();
                $redirect_url = $this->config->item('root_path') .
    'auth/wechat_auth_multiple?' . http_build_query($wx_params);
                log_message('debug', '##redirect to auth, url:' . $redirect_url);
                header("Location: $redirect_url");
            }else if(empty($social_info)){
                $this->load->library('auth/wechatauth');
                $this->wechatauth->auth();
            }
        }
```

controllers/Auth.php 新增了 wechat_auth_multiple 方法，主要用来获取授权 code，并负责最后跳转到来源页面，对应授权流程中的第②～④步，如代码清单 5-5 所示。

代码清单 5-5

```
        /**
         *微信多域名授权
         */
        public function wechat_auth_multiple(){
            log_message('debug', '[auth_multiple] request_url:' .
    $this->request_url());
            $query_arr = array();
            $query_str = $_SERVER['QUERY_STRING'];
            if(!empty($query_str)){
```

```
            parse_str($_SERVER['QUERY_STRING'], $query_arr);
        }

        //进行微信授权，只获取授权 code
        $query_arr['get_auth_code_only'] = true;
        $this->load->library('auth/wechatauth', $query_arr);
        $this->wechatauth->auth();

        $redirect_query = array();
        parse_str($_SERVER['QUERY_STRING'], $redirect_query);
        $base_redirect_url = $redirect_query['__callback'];
        unset($redirect_query['__callback']);

        $finalRedirectUrl = $base_redirect_url;
        //组装回调链接：原链接 + 授权 code 等参数
        if(count($redirect_query) > 0){
            $finalRedirectUrl.= ((strpos($base_redirect_url, '?') === false ?
'?' : '&') . http_build_query($redirect_query));
             log_message('debug', '[auth_multiple] return to origin url : ' .
$finalRedirectUrl);
        }
        header("Location: $finalRedirectUrl");
    }
```

细心的读者可能已经发现，我把多域名授权的代码写在同一个工程里了，这样看起来无法验证是否能实现多域名授权。事实上，这份代码已经在实际项目的线上环境中验证过，因此不用担心其可用性。之所以把代码放在一起，是因为现在只有一个工程。假如读者要使用这份代码，按照下面的指引，就可以将其集成到新项目中。

① 复制 check_login_multiple 方法到新项目的 MY_Controller 中，让所有页面的 Controller 均可访问。

② 复制 controllers/Auth.php 文件到新项目的 controllers 文件，保留 wechat_auth_multiple 方法，index 方法可以删除。

③ 复制 libraries/auth/Wechatauth.php 文件到新项目的 libiaries 目录中，使其他代码可以加载到微信授权类库，假如目录有所变化，则要修改 Auth.php 文件中的加载 wechatauth 的代码。

至此，多域名授权相关的代码已经集成到新项目中。现在只要在控制器中调用 check_login_multiple 方法就可以成功授权，并获取用户基本信息。

5.4 微信 JS-SDK

微信 JS-SDK 是微信公众平台面向网页开发者提供的基于微信环境的网页开发工具包。通过微信 JS-SDK，开发者可以借助微信高效地使用移动设备的拍照、选图和录音等系统原生功能，同时也可以使用微信的分析、扫一扫和微信支付等功能。微信 JS-SDK 为微信用户提供了更优质的网页体验。

5.4.1 接入准备

在使用微信 JS-SDK 之前，需要做一些准备工作，主要包括以下 4 个步骤。

① 绑定域名：与微信支付和网页授权类似，使用的 JS-SDK 域名也需要在微信公众平台后台进行绑定，以确保使用该接口的域名是安全可靠的。依次进入"公众号设置"→"功能设置"→"JS 接口安全域名"，可以填写 3 个安全域名。域名的设置规则可参照公众平台后台的说明。

② 页面引入 JavaScript 文件：微信 JS-SDK 库是以 JavaScript 脚本的形式提供的，因此，使用之前需要在页面中引入 JavaScript 文件。建议在页面底部（</body> 标签之前）引入该文件或者通过 AMD/CMD 的标准加载方法引入。

③ 注入权限验证配置及签名：在使用 JS-SDK 之前，需要通过 wx.config 方法配置接口权限以验证签名。该配置方法与当前 URL 地址相关，地址变化后需要重新配置。因此，对于 SPA（Single Page Web Application，单页 Web 应用）应用，在每次修改 URL 时都需要重新执行 wx.config 方法。配置方法如下。

```
wx.config({
        // 开启调试模式，调用的所有 API 的返回值会在客户端 alert 出来，若要查看传入的参
        // 数，可以在 PC 端打开，参数信息会通过 log 打印（仅在 PC 端时才会打印）
        debug: true,
        appId: '', // 公众号的唯一标识
        timestamp: , // 生成签名的时间戳
        nonceStr: '', // 生成签名的随机串
        signature: '',// 签名
```

```
    jsApiList: [] // 需要使用的 JS 接口列表
});
```

其中，jsApiList 是需要使用的 JS 接口方法列表，比如分享到朋友圈 onMenuShareTimeline、分享到微信消息 onMenuShareAPPMessage。完整的 JS 接口方法列表可参考微信公众号开发文档。

④ 方法调用：经过上述 3 个步骤后，就可以开始使用 JS-SDK 提供的方法了，不过需要等到 wx.config 方法执行完毕并验证成功后，才能执行具体的方法。也就是说，wx.config 是微信客户端的一个异步操作，成功后会回调 wx.ready 方法。因此，对于 JS-SDK 方法的调用，需要区分两种情况：页面加载时需要马上执行的方法，放到 wx.ready 中；用户触发时才执行的方法，可以不用放到 wx.ready 中。

```
wx.ready(function(){
    //分享到朋友圈
    wx.onMenuShareTimeline({
        title: '', // 分享标题
        link: '', // 分享链接
        imgUrl: '', // 分享图标
        success: function () {
            // 用户确认分享后执行的回调函数
        },
        cancel: function () {
            // 用户取消分享后执行的回调函数
        }
    });
});
```

需要说明的一点是，配置接口时假如发生错误，可以通过 wx.error 方法来捕获错误信息以便于调试。

```
wx.error(function(res){
    console.error(res.errMsg);
});
```

另外，第③步中生成签名 signature 时需要用到 jsapi_ticket，而获取 jsapi_ticket 时也要用到 access_token，由于获取 access_token 和 jsapi_ticket 是有每日接口调

用量上限的，因此必须把获取到的 jsapi_ticket 缓存起来。我使用 Redis 进行缓存，也可以使用文件缓存进行简单处理。

5.4.2 JS-SDK 接口实例

经过上述几个步骤的配置，就可以进行 JS-SDK 接口的开发了。完整的 JS 列表可以参考公众号开发文档。比较常用的功能，比如公众号内的微信支付、分享文章到朋友圈或者手机 QQ，调用微信“扫一扫”、拍照以及从手机相册中选图，都是通过 JS-SDK 来实现的。下面以预览图片接口 wx.previewImage 为例，来实践 JS-SDK 的使用。

微信 JS-SDK 的预览图片接口，调用微信原生的图片预览组件，通过左右滑动来切换图片播放，提供良好的用户体验。事实上，用户自己也可以实现这样一个图片查看器，但是微信提供的这个接口更具代表性，体验度更好。公众号文章中的图片查看，也是通过调用这个图片预览接口 wx.previewImage 来实现的。在阅读微信中的文章时，假如含有图片，也可以通过该接口来实现图片的滑动查看和放大等操作。

下面给出一个示例，在微信中打开一篇含有若干图片的文章，调用 JS-SDK 中的 wx.previewImage 接口实现图片查看，并调用分享接口实现文章分享到朋友圈、消息会话和手机 QQ。

该示例的代码主要在 controllers/Home.php 和 views/home/post.php 两个文件中。完整代码可参考完整的工程代码。

controllers/Home.php 的代码如代码清单 5-6 所示，主要输出使用 JS-SDK 时需要用到的签名以及分享参数。签名的生成方法 get_sign_package 和获取当前访问地址的方法 request_url 都定义在 MY_Controller 基类中。

代码清单 5-6

```
    /**
     * 查看文章。文章中的图片通过调用 wx.previewImage 接口来实现
     */
    public function post(){
        $data['head_title'] = '文章阅读';
        //签名相关参数
```

```
        $data['sign'] = $this->get_sign_package();
        $data['share'] = json_encode(
            array
            (   'shareTitle' => 'hellojammy 的技术博客 ',
                'shareDesc' => ' 这是一个使用 JS-SDK 的示例文章 ',
                'shareLink' => $this->request_url(),

            )
        );
        $this->render('post', $data);
    }
```

View 层的代码在 views/home/post.php 中，其实现如代码清单 5-7 所示，主要完成 wx.config 的配置注入以及具体的业务方法实现。

代码清单 5-7

```
<script type="text/javascript">
    /**
     * 是否为微信客户端
     * @returns {boolean}
     */
    function isInWeixinAPP() {
        return /MicroMessenger/.test(navigator.userAgent);
    }
    var sign = '<?php echo $sign ;?>';
    var share = '<?php echo isset($share) ? $share : '';?>';
    if(isInWeixinAPP() && window.sign != 'undefined'){
        var signPackage = JSON.parse(window.sign);
        window.PREVIEWIMAGEARRAY = [];

        //配置文件注入
        wx.config({
            debug: false,
            appId: signPackage.appId,
            timestamp: signPackage.timestamp,
            nonceStr: signPackage.nonceStr,
            signature: signPackage.signature,
            jsApiList:
['onMenuShareAPPMessage','onMenuShareTimeline','onMenuShareQQ','previewImage']
        });
```

```
//在异步回调中实现业务代码
wx.ready(function() {
    try{
        var shareInfo = JSON.parse(window.share);
    }catch(e){
        console.log(e.message);
    }
    //大图预览
    $('#content img').on('click' ,function(event) {
        var curImageSrc = $(this).attr('src');
        if (curImageSrc) {
            if(window.PREVIEWIMAGEARRAY.length == 0){
                $('#content img').each(function(index, el) {
                    var itemSrc = $(this).attr('src');
                    window.PREVIEWIMAGEARRAY.push(itemSrc);
                });
            }
            wx.previewImage({
                current: curImageSrc,
                urls: window.PREVIEWIMAGEARRAY
            });
        }
    });

    //微信消息分享
    wx.onMenuShareAPPMessage({
        title: shareInfo.shareTitle,
        desc: shareInfo.shareDesc,
        link: shareInfo.shareLink,
        imgUrl:'http://7xq01x.com1.z0.glb.clouddn.com/admin-bg-3.jpg',
        type: 'link',
        dataUrl: '',
        success: function () {
        },
        cancel: function () {
        }
    });

    //分享到朋友圈
    wx.onMenuShareTimeline({
```

```
                title: shareInfo.shareTitle,
                link: shareInfo.shareLink,
                imgUrl:'http://7xq01x.com1.z0.glb.clouddn.com/admin-bg-3.jpg',
                success: function () {
                },
                cancel: function () {
                }
            });

            //分享到手机QQ
            wx.onMenuShareQQ({
                title: shareInfo.shareTitle,
                desc: shareInfo.shareDesc,
                link: shareInfo.shareLink,
                imgUrl:'http://7xq01x.com1.z0.glb.clouddn.com/admin-bg-3.jpg',
                success: function () {
                },
                cancel: function () {
                }
            });

            //打印错误日志
            wx.error(function(res) {
                console.error(res.errMsg);
                alert(res.errMsg)
            });

        });
    }
</script>
```

需要特别注意的是，页面中图片的 src 地址必须是一个完整的路径，不能是相对路径，否则在图片预览时无法正确显示。

图 5-6 中的文章显示若干张图片，随意单击一张，即可进入图片查看，双击可放大图片查看。图 5-7 是把文章分享到微信消息会话的效果，其中的标题、描述和链接都是自定义的。

图 5-6　文章阅读，单击查看大图

图 5-7　文章分享到消息会话

5.5 小结

本章首先介绍了微信网页开发中的网页授权原理及流程，然后实现了一个简单版本的网页授权类库，并为微信网页授权的多域名问题提供了一个参考解决方案。最后讲解了微信 JS-SDK 的配置和注意事项，并结合实例对图片预览这个 JS-SDK 方法进行了详细讲解。微信网页授权是微信公众号开发的基础内容，几乎每个接入了开发者模式的公众号都会涉及。

第06章 微信支付

本章主要介绍微信支付开发的相关内容，包括微信支付的接入方式分析、微信支付申请、微信支付接入实例、第三方支付集成平台以及微信支付的常见问题等。

支付几乎是所有商业模式中实现闭环的必经环节，因此微信支付是微信生态中尤为重要的一个组成部分。

6.1 微信支付接入方式

按照接入的方式，服务号的微信支付可归纳为微信支付服务商、聚合支付和自主开发 3 类。下面对这 3 类接入方式从适用场景、模式介绍和优劣势 3 个维度进行分析对比，读者可根据自身需求进行匹配选择。

1. 微信支付服务商

适用商家：没有技术开发能力的商家，例如餐馆、小卖部等。

介绍：微信支付服务商，指由微信支付审核且签约合作的、具有优秀的技术开发能力的第三方开发者。服务商可为所拓展的特约商户完成支付申请、技术接入、活动营销等全生态服务。

注意事项：借助这种方式接入微信支付时需要注意，微信支付的收款到了哪里。一种是收款直接到了商户的微信支付账户，再按照微信的结算周期进行提现。另一种是收款先到微信支付服务商进行二次清算，然后再由商户登录服务商后台进行提现，相当于钱到了服务商账户，再到商户账户。这种方式的接入，在微信支付输入密码的弹出框中，显示的是服务提供商的名字，而并非商家名字。

优势：拥有对账等高级接口，可以享有微信支付接入、交易、营销等全生态服务；提供 O2O 解决方案，提供线下收款 POS 机，甚至还提供线上线下分销解决方案；有些微信支付服务商还提供会员体系的解决方案。

劣势：微信支付环节不受商家控制和定制。

举例：掌贝、乐刷、拉卡拉。

2. 聚合支付

适用商家：具有一定技术开发能力，并且需要对接的支付渠道（如微信支付、支付宝支付、银联支付、京东支付等）较多的商家。

介绍：一站式支付解决方案，把多个支付渠道的支付接入打包成一个解决方案，开发者只需要进行少量的代码开发便可以接入支付。这类聚合支付服务提供商，会在构建支付凭据、调起支付控件以及异步通知等处进行封装处理，商户不需要关心各渠道支付的参数、请求地址、加密方式和流程的区别，大大简化了商户的接入成本。商户可以自行申请各支付渠道的资质，也可以由服务提供商代申请（通常是收费服务），申请通过之后，在服务提供商后台填入相应的支付参数。

注意事项：聚合支付服务提供商本质上与微信支付服务商做的事情是一样的，因此需要关注资金的流向。通常，这类聚合支付服务提供商不会介入资金流。

优势：支持多渠道的支付接入，开发者无须开发多套支付接入代码；该模式的接入，不会影响微信支付的自主开发；集中进行跨渠道的交易管理、查账对账、数据分析、报表输出等；提供良好的支付体验。

劣势：支付依赖于第三方服务，增加了系统的外部依赖因素。因此，稳定性和安全性是选择聚合支付服务提供商的重要考量。

举例：BeeCloud、Ping++。

3. 自主开发

适用商家：具有自主研发能力，对支付场景和支付体验要求高的商家。

介绍：根据微信支付开发文档，由商家自主开发微信支付的整套流程。

优势：灵活度较高，资金可控。

劣势：接入周期较长。

由上述分析可知，选择微信支付服务商和第三方聚合支付服务提供商，不会涉及或只涉及较少的代码开发，接入这两种微信支付模式比较容易。下面的内容将对微信支付的自主开发进行详细介绍，并对一些支付场景和体验给出解决方案。

6.2 微信支付准备工作

接入微信支付的公众号，必须满足以下两个条件。

- 认证的服务号：订阅号无法开通微信支付功能，通过微信认证的服务号才可以。
- 微信支付认证：在认证服务号的基础上，还需要再申请微信支付认证。进入公众号后台，在左侧菜单中会有相应的申请入口。申请步骤有资料审核、账户验证和协议签署 3 步。这些步骤都通过之后，可以拿到微信支付商户号和登录密码。通知邮件中附带了一个简单的操作指引。

微信支付认证通过后，就可以进行开发了。由前面章节的介绍可知，常用的微信支付方式主要有公众号支付、刷卡支付、扫码支付和 H5 支付。这几类支付的开发比较类似，这里以常用的公众号支付为例进行讲解。

开发之前，还需要进行一些简单的设置。

① 设置支付授权目录：所有使用公众号支付方式（JSAPI）发起的支付请求，其链接地址都必须在支付授权目录之下，最多可设置 3 个，并且必须在同一域名下。域名必须经过 ICP 备案，支持 HTTP 和 HTTPS；必须细化到二级或三级目录，以左斜杠“/”结尾；必须上传授权文件至支付域名的根目录。另外，可以设置测试支付授权目录，方便开发者在开发期间测试微信支付。有关支付授权目录设置的要求，可参见公众号微信支付后台，依次进入“微信支付”→“开发配置”→“公众号支付”进行设置。下面给出几个合法和非法的支付目录设置示例。

发起支付的链接：http://wx.hello1010.com/wechat/pay/?order_id=8805

合法的支付授权目录：http://wx.hello1010.com/wechat/pay/

非法的支付授权目录：http://wx.hello1010.com/wechat/（未精确到二级目录）

非法的支付授权目录：http://wx.hello1010.com/wechat/pay（没有以左斜杠结尾）

② 设置支付 API 密钥：登录商户平台，首次进入后需要安装操作证书，然后依次进入"账户中心"→"API 安全"→"API 密钥"，第一次进入时需要设置一个密钥，建议设置成长度为 32 的字符串。需要注意的是，API 密钥属于敏感信息，需要妥善保管，不要泄露，如果怀疑密钥泄露，需要重新设置 API 密钥。API 密钥的作用是，在调用 API 时按照指定规则对请求参数进行签名，确保调用者的合法身份。

完成上述两个步骤的准备工作，就可以进行开发了。

6.3 微信支付实践

微信支付主要有 4 种支付方式（公众号支付、刷卡支付、扫码支付和 H5 支付，App 支付不常见，这里不讨论），接下来主要讲解常见的公众号支付方式。公众号支付，指的是用户在微信环境内进入商家 H5 页面，在页面内调用 JS-SDK 完成支付。从用户发起支付，输入支付密码，支付成功，到商家后台收到异步回调，微信支付的整个交互细节可以总结为以下 3 步。

① 用户在微信环境内打开商品页面，发起支付，在网页端通过 WeixinJSBridge 调用 getBrandWCPayRequest 接口发起微信支付请求，用户输入支付密码或指纹验证。

② 用户支付成功后，商户的前端页面会收到 getBrandWCPayRequest 的返回值 err_msg，根据返回值的含义跳转到不同的页面。err_msg 的值及含义如下。

- 支付成功：get_brand_wcpay_request : ok。
- 用户取消支付：get_brand_wcpay_request : cancel。
- 支付失败：get_brand_wcpay_request : fail。

③ 商户后台收到来自微信服务器的支付成功异步回调，设置该笔交易的订单状态。支付失败或支付取消不会收到回调。

需要特别说明的是，微信支付成功的标志，一定要以第③步中的后台异步回调为准，收到异步回调并通过验证后才能把订单状态设置为已支付。第②步中的页面支付状态，只能作为跳转到不同页面的参数判断。

微信官方提供了公众号支付 API 对应的 SDK 和调用示例，包含不同语言的版本（Java、.NET C# 和 PHP）。

读者可以根据业务需求和支付场景，选择不同的支付方式，进入相应页面下载相应的代码。微信还提供了一个微信支付的体验地址，可以在微信端打开页面体验。

6.3.1 示例代码解析

这里下载的是 PHP 版本的 SDK，下载后解压，目录结构和文件介绍如下。

```
├── cert     商户证书目录
│   ├── apiclient_cert.pem
│   └── apiclient_key.pem
├── doc     SDK 使用文档目录
│   ├── README
│   ├── README.doc
├── example     示例代码目录
│   ├── WxPay.JsApiPay.php
│   ├── WxPay.MicroPay.php
│   ├── WxPay.NativePay.php
│   ├── download.php
│   ├── jsapi.php
│   ├── log.php
│   ├── micropay.php
│   ├── native.php
│   ├── native_notify.php
│   ├── notify.php
│   ├── orderquery.php
│   ├── phpqrcode     一个开源的二维码生成类，PHP 版本的实现
│   │   └── phpqrcode.php
│   ├── qrcode.php
│   ├── refund.php
│   └── refundquery.php
├── image
│   ├── bk.png
│   ├── image001.jpg
```

```
|   └── image002.png
├── index.php
├── lib    API 接口代码封装
|   ├── WxPay.Api.php     接口访问类，包含所有微信支付 API 的封装
|   ├── WxPay.Config.php     商户配置信息，例如商户号、支付密钥等
|   ├── WxPay.Data.php     输入数据对象基础类，例如计算、设置和获取签名
|   ├── WxPay.Exception.php     API 异常处理类
|   └── WxPay.Notify.php     支付成功后台异步回调基类
└── logs
```

其中，cert 目录的证书文件，可以通过登录商户管理后台依次进入“账户中心”→“API 安全”→“API 证书”来下载。证书文件，主要用来界定接口请求者的身份信息，也包括验证所调用服务及域名的真实性，保证了调用方和被调用方的身份信息和安全。部分安全性要求较高的 API（如退款、撤销订单）需要使用该证书，以免被盗用而造成资金损失。需要特别注意的是，证书的有效期是两年，到期后需要更改证书并下载。

6.3.2 支付示例

把下载的 SDK 目录以及文件全部复制到项目工程中，这类 SDK 属于第三方平台库，在 third_party 目录中新建 wxpay 目录，并复制微信支付 SDK 至 wxpay 目录。

打开 lib 目录的 WxPay.config.php 文件，填写 APPID、MCHID、KEY 和 APPSECRET 共 4 个参数。这些参数的含义如下。

- APPID：绑定微信支付的公众号 AppID。
- MCHID：商户号，在开户邮件中可查看。
- KEY：商户支付密钥，在商户管理后台设置。
- APPSECRET：绑定微信支付的公众号 AppSecret。

在 example 文件夹中，jsapi.php 是公众号支付的示例，它没有进行代码分层处理，不符合项目工程的 MVC 架构，因此需要对其进行分解。

在 controllers 目录中新建 Wxpay.php 文件，用来实现微信支付的相关代码逻辑，对应的视图文件在 view/wxpay/ 目录中，目录结构如图 6-1 所示。

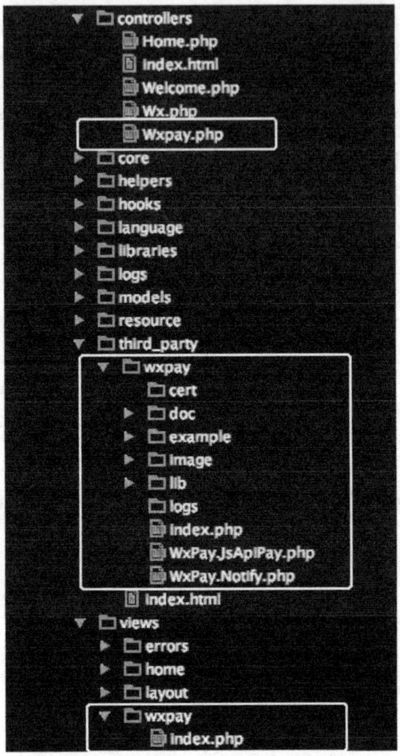

图 6-1　微信支付相关目录结构

Wxpay.php 文件的实现如代码清单 6-1 所示。

代码清单 6-1

```
<?php
        /**
         * 微信支付示例代码
         */
class Wxpay extends MY_Controller{
        /**
         * 微信支付
         */
        public function pay(){
            $data['head_title'] = '微信支付';
            $this->check_wechat_login();
            $social_info = $this->session->userdata(KEY_SOCIAL_USER_INFO);
            // 加载微信支付的两个核心文件
            require_once APPPATH . 'third_party/wxpay/lib/WxPay.Api.php';
```

```
            require_once APPPATH . 'third_party/wxpay/WxPay.JsApiPay.php';
            $tools = new JsApiPay();
            $openId = $social_info['social_id'];
            $input = new WxPayUnifiedOrder();
            $input->SetBody("测试商品");
            $input->SetAttach("hello_attach_data");
             $input->SetOut_trade_no(date("YmdHis", time()) . (microtime(true) *
10000));
            $input->SetTotal_fee("1");
            $input->SetTime_start(date("YmdHis"));
            $input->SetTime_expire(date("YmdHis", time() + 600));
            $input->SetGoods_tag("test");
            $input->SetNotify_url($this->config->item('app_path') .
'wxpay/notify');
            $input->SetTrade_type("JSAPI");
            $input->SetOpenid($openId);
            $order = WxPayApi::unifiedOrder($input);
            $jsApiParameters = $tools->GetJsApiParameters($order);

            $data['jsApiParameters'] = $jsApiParameters;
            $this->render('index', $data);
        }

        /**
         * 微信支付结果通知
         * 回调地址：wxpay/notify
         */
         public function notify(){
            require_once APPPATH . 'third_party/wxpay/WxPay.Notify.php';
            $notify = new PayNotifyCallBack();
            $notify->Handle(false);
        }

        /**
         * 生成订单号，同一个订单生成的微信支付订单号相同
         * @param $order_id 订单号
         * @return string
         */
        private function build_order_id($order_id){
            return date("Ymd", time()) . $order_id;
        }
    }
```

代码清单 6-1 中定义了两个函数，分别是微信支付实现函数 pay 和微信支付后台异步回调函数 notify。

pay 函数中的代码逻辑与微信支付 SDK 中的 example/jsapi.php 代码基本保持一致，主要实现了微信支付 API 中的统一下单流程，并在微信支付服务后台生成预支付交易单。这是除被扫支付场景外，所有微信支付场景（扫码、JSAPI、APP 等）都需要执行的步骤。需要注意的有两点。

- 通过 require_once 方式引入 WxPay.Api.php 和 WxPay.JsApiPay.php 这两个文件时使用了绝对路径。
- 与 example/jsapi.php 中获取 OpenID 的方式不同，这里是通过调用统一登录方法来提前获取用户 OpenID 的。

notify 方法封装了微信支付结果通知逻辑，然后在 Session 中获取，该方法将在 6.3.3 节讲解。

注意

关于微信支付中的商户订单号（对应 out_trade_no 字段）生成，需要特别说明一下。微信支付要求商户订单号保持唯一，重新发起一笔支付时需要使用原订单号，以避免重复支付。另外，已支付或已撤销的订单号不能重复发起支付。我的做法是，在生成系统订单的同时，生成商户订单号，并根据当前系统时间加随机序列的方式来保证唯一性。不要在用户发起微信支付时才生成 out_trade_no 的值，那样会带来问题。比如用户对同一笔订单多次发起支付，则每次生成的商户订单号都不一样，在用户支付成功后，再单击微信左上角的“返回”，会回到上一个页面，即微信支付页面。假如该页面是直接拉起微信支付的，则会误导用户再支付一次。假如我们采取预先生成商户订单号的方式，那么就算再次拉起支付，由于商户订单号相同，微信支付也会提示订单号重复的错误，用户无法再次支付。当然，刚刚讨论的重复支付问题还有其他解决方案，例如让用户主动单击按钮再发起微信支付。

Wxpay.php 中的 pay 方法所加载的视图文件在 view/layout/wxpay/index.php 中，它主要实现的是在前端页面通过 JSAPI 发起微信支付，如代码清单 6-2 所示。需要注意的是，由于 JSAPI 依赖于 WeixinJSBridge 内置对象，涉及微信 WebView 与 APP 层的交互，因此需要等待该对象准备就绪才能调用相关方法。另外，WeixinJSBridge 内置对象在非微信浏览器环境中无效。JSAPI 发起的微信支付只能在微信浏览器环境生效。

代码清单 6-2

```
<script type="text/javascript">
    /**
```

```
         * 绑定微信支付事件
         */
        $('#pay').bind('click', function () {
            callWechatPay();
        });

        /**
         * 调用微信 JSAPI 支付
         */
        function wechatJsApiCall()
        {
            WeixinJSBridge.invoke(
                'getBrandWCPayRequest',
                <?php echo isset($jsApiParameters) ? $jsApiParameters : "''"; ?>,
                function(res){
                    if(res.err_msg == "get_brand_wcpay_request:ok"){
                        // 微信支付成功
                        alert('微信支付成功');
                    }else if(res.err_msg == "get_brand_wcpay_request:cancel"){
                        // 用户取消支付
                        alert('用户取消支付');
                    }else if(res.err_msg == "get_brand_wcpay_request:fail"){
                        // 微信支付失败
                        alert('微信支付失败');
                    }
                }
            );
        }

        /**
         * 微信支付
         */
        function callWechatPay()
        {
            if (typeof WeixinJSBridge == "undefined"){
                if( document.addEventListener ){
                    document.addEventListener('WeixinJSBridgeReady',
wechatJsApiCall, false);
                }else if (document.attachEvent){
                    document.attachEvent('WeixinJSBridgeReady', wechatJsApiCall);
                    document.attachEvent('onWeixinJSBridgeReady',
    wechatJsApiCall);
```

```
            }
        }else{
            wechatJsApiCall();
        }
    }
</script>
```

6.3.3 支付结果通知

微信支付的结果通过以下两种方式进行通知。

- 前端页面 JSAPI 回调：支付 JSAPI 中的 getBrandWCPayRequest 方法接收两个参数，即支付参数（公众号 AppID、微信签名等）和支付回调函数。支付回调函数接收一个 res 参数，它代表支付结果，分为支付成功、支付过程中用户取消和支付失败 3 种情况。我们可以根据这 3 种情况分别做不同的页面跳转逻辑。示例代码中只是做了简单的 alert 弹框提示。由于前端交互复杂，微信官方文档中的建议是，对支付过程中用户取消和支付失败这两种情况，不必细化处理，可以统一处理为用户遇到错误或主动放弃。需要特别说明的一点是，通过前端支付回调函数的结果值判断支付是否成功，并不绝对可靠。也就是说，前端的支付状态不能作为设置订单支付状态的依据，只能作为页面跳转的依据。
- 后台异步支付结果通知：刚刚提到，前端的支付状态并不能作为设置订单状态的最终依据，那么应该以什么为准呢？答案就是微信支付的异步结果通知。微信支付完成后，微信会把相关支付结果和用户信息发送给商户，该回调地址在统一下单时通过 SetNotify_url 进行设置，在示例代码中，回调地址是 wxpay/notify。主要的代码逻辑在 third_party/wxpay/WxPay.Notify.php 文件的 NotifyProcess 方法中，在这里进行签名校验、订单状态设置以及消息通知等，如代码清单 6-3 所示。

代码清单 6-3

```
//重写回调处理函数
public function NotifyProcess($data, &$msg)
{
    log_message('debug', "wechat pay notify: " . json_encode($data));
    if(!array_key_exists("transaction_id", $data)){
```

```
        $msg = "输入参数不正确";
        return false;
    }
    //查询订单，判断订单真实性
    if(!$this->Queryorder($data["transaction_id"])){
        $msg = "订单查询失败";
        return false;
    }

    //①检查是否已经通知过
    //TODO ……

    //②设置订单状态
    //TODO ……

    //③发送消息通知
    //TODO ……

    //④其他代码逻辑
    //TODO ……
    return true;
}
```

下面是我的服务器收到的微信支付回调通知数据（AppID 参数已被替换，隐藏了真实的 AppID）。


```
DEBUG - 2016-09-20 01:23:02 --> wechat pay notify: {"appid":"xxxxxx","attach":"hello_attach_data","bank_type":"CFT","cash_fee":"1","fee_type":"CNY","is_subscribe":"Y","mch_id":"1295040401","nonce_str":"43x2c9zfifysbdys4ntsqurs2sj38hws","openid":"oNgYlt-L_P-4d6QsawLFhTSIBz7Q","out_trade_no":"20160920012227","result_code":"SUCCESS","return_code":"SUCCESS","sign":"B7C9E0B6841D2160B8D1A53F5BB4E176","time_end":"20160926012301","total_fee":"1","trade_type":"JSAPI","transaction_id":"4007442001201609260837192495"}
```


通过以上分析可知，对于上述两种支付结果通知方式，我们要明白它们的通知意图，再做出相应的处理。

关于第二种通知方式，有一个细节需要明确：同样的支付结果通知，商户服务器可能会收到多次。也就是说，我们的代码逻辑要能够处理重复通知的情况，以避免重复通知带来的问题，例如，消息的重复发送将会带来较差的用户体验。我的做法是在收到支付通知时，先判断此前是否已经通知过，假如已通知过，则直接返回 true。状态的初始化是发起支付时，在 Redis 缓存中设置订单的支付通知状态为未通知。

在调试过程中发现，按照微信支付文档写完代码逻辑且正常完成支付后，并不能正常收到支付结果的异步通知。经过日志调试，发现在 third_party/wxpay/lib/WxPay.Api.php 文件的 notify 方法中（第 414 行），通过 $GLOBALS['HTTP_RAW_POST_DATA'] 方式获取的 xml 数据为空，如下所示。

```
//获取通知的数据
$xml = $GLOBALS['HTTP_RAW_POST_DATA'];
```

通过网络搜索相关问题后，在 php.net 中发现如下一段说明。

```
    always_populate_raw_post_data boolean
    Always populate the $HTTP_RAW_POST_DATA containing the raw POST data. Otherwise, the variable is populated only with unrecognized MIME type of the data. However, the preferred method for accessing the raw POST data is php://input. $HTTP_RAW_POST_DATA is not available with enctype="multipart/form-data".
```

由以上说明可知，需要设置 php.ini 中的某个参数值，或者通过 php://input 的方式获取数据，因此解决方案有两个。

- 设置 php.ini 文件，并重启 Web 服务器（Apache 或 Nginx）。

```
always_populate_raw_post_data = true
```

- 修改 PHP 中获取数据的方式。

```
//获取通知的数据
$xml = file_get_contents("php://input");
```

我采用第二种方式修改方案，最后收到了支付结果通知。需要强调的一点是，由于微信支付的回调通知不会携带任何 Cookie 信息，因此不能在回调通知函数（包括类的构造函数）中加入任何身份验证的代码逻辑，例如获取 session 会话。

图 6-2 ~ 图 6-4 所示为微信支付示例的运行效果。

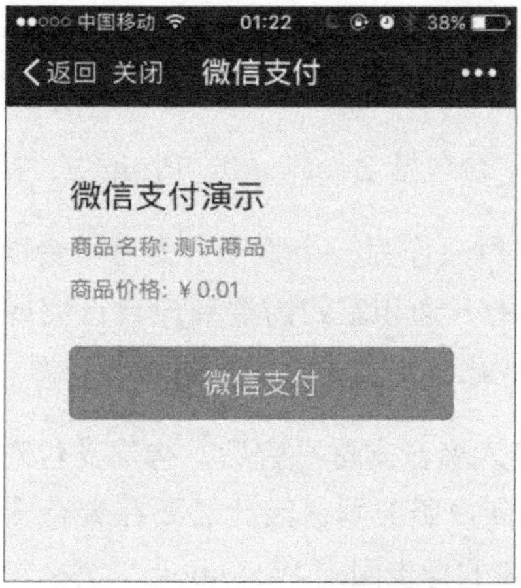

图 6-2 微信支付商品展示页

图 6-3 微信支付输入密码

图 6-4 微信支付成功

6.4 聚合支付

由前面的介绍可知，聚合支付是为满足不同用户需求，集成市面上主流的支付渠道，统一提供给开发者的支付产品。聚合支付支持多种终端，如 PC 端、移动端、POS 机等。接入聚合支付平台的好处是可以节省开发成本，实现收款、结算和数据统计的全面聚合。聚合支付打造的是一个支付 SDK+SaaS 管理平台。

目前国内主流的聚合支付平台包括 BeeCloud、Ping++，接入的主要步骤如下。

① 开通支付渠道：聚合支付只作为一个第三方支付平台而存在，它并不是商户的支付主体。因此，支付渠道的开通和签约需要商户自行完成，比如申请公众号、开通微信支付、申请支付宝企业账号、支付宝商户签约等。

② 设置支付渠道参数：接入聚合支付平台后，构建支付对象和相关支付参数的是聚合支付平台服务器，而非商户服务器，因此需要在聚合支付平台设置各支付渠道的参数，也包括支付结果通知的异步回调 Webhook。

③ 集成支付 SDK：聚合支付平台已经把支付接入时的主要流程进行了统一封装处理，例如构建支付凭据、调起支付控件以及异步通知等。因此，开发者只需要集成平台方的 SDK 到现有代码中即可，通常包括客户端 SDK 和服务端 SDK 的集成。

下面以微信网页支付为例，对聚合支付平台、商户服务器、支付平台以及用户在其中扮演的角色及交互流程进行简单说明，如图 6-5 所示。

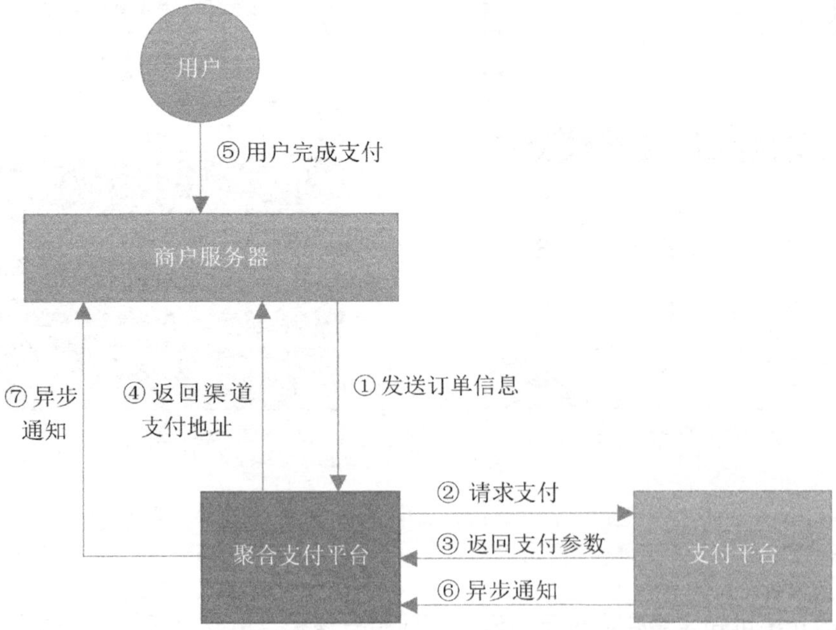

图 6-5　接入聚合支付后的支付流程

下面对这些步骤进行简单说明。

① 发送订单信息：用户在网页端选择支付方式，发起支付，商户服务器向聚合支付平台发送订单信息（如商品金额、商品名称），这是下单的过程。在未接入聚合支付平台之前，下单是直接向支付平台发起的。

② 请求支付：把商户服务器的下单信息转发到支付平台（微信、支付宝、银联等），完成统一下单，生成预付单。

③ 返回支付参数：在支付平台预生成订单，并返回相关支付参数。

④ 返回渠道支付地址：返回各个渠道的支付地址，这里进行了统一的封装，如微信支付的 JSAPI 支付。

⑤ 用户完成支付：用户完成支付后，商户页面根据支付结果进行页面跳转或信息展示。注意，不要使用客户端的成功结果更新订单的最终状态。

⑥ 异步通知：由于发起支付时设置的异步通知地址是聚合支付平台的地址，因此支付平台会把支付结果发送到聚合支付平台。

⑦ 异步通知：商户服务器收到聚合支付平台的支付结果异步通知。

以 BeeCloud 为例，简单介绍聚合支付的一般接入流程。BeeCloud 已经全面集成主流支付渠道，如微信支付、支付宝、银联和 PayPal 等，同时也支持全支付场景，如手机支付、PC 支付、线下扫码支付、企业打款。

BeeCloud 提供了一种被称为“秒支付 Button”的功能，它是基于 BeeCloud SDK 开发出的一个轻量级版本，只要几行代码就可以使用，并且它还内嵌了一套风格简约的支付页面和完成页面，适用于 PC 端和移动端。

使用 BeeCloud 之前，需要注册账号并完成企业认证，在后台创建应用，配置各支付渠道的参数，最后激活“秒支付 Button”功能。下面以 BeeCloud 在微信环境下的支付为示例进行简单介绍。

由于“秒支付 Button”是一个通用的支付体验，因此暂时无法定制 UI，也无法设置进阶的参数。如果需要实现更为定制化的支付体验，需要借助于 BeeCloud SDK。

① 在后台应用设置中开通微信支付，如图 6-6 所示。将微信支付添加到已开通渠道列表中，这里可以调整顺序。

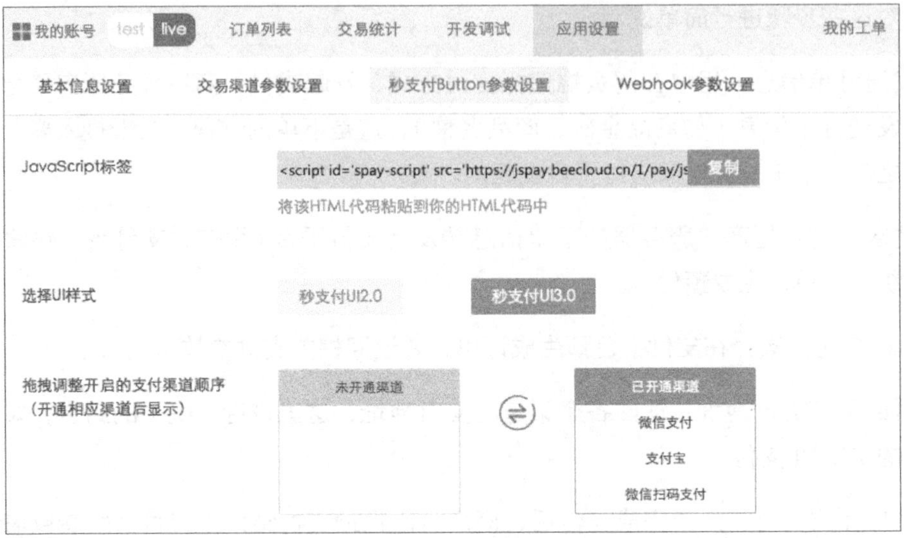

图 6-6　在后台应用设置中开通微信支付

② 构造 BeeCloud 支付参数，如代码清单 6-4 所示。

代码清单 6-4

```
    $social_info = $this->session->userdata(KEY_SOCIAL_USER_INFO);
    $data['openid'] = (!empty($social_info) && isset($social_info['social_id'])) ?
$social_info['social_id'] : '';
    //beecloud info
    $data['app_id'] = $this->config->item('beecloud')['app_id'];
    $data['app_secret'] = $this->config->item('beecloud')['app_secret'];
    $data['bee_sign'] = md5($data['app_id'] . $data['title'] . $data['amount'] .
$data['out_trade_no'] . $data['app_secret']);
    $data['bee_debug'] = false;
    //for optional
    $data['t'] = $t;
    $data['order_id'] = $order_id;
    $data['user_id'] = $this->session->userdata(KEY_USER_INFO)['id'];
```

③ 在前端页面引入 JavaScript 代码，编写发起支付代码，用户转到支付页面时会自动拉起支付。代码中的 YOURAPPID 需要换成读者自己申请的 AppID，如代码清单 6-5 所示。

代码清单 6-5

```
        $data = array(
```

```
            'app_id' =>  $app_id,
            'title' => $title,
            'amount' => $amount,
            'out_trade_no' => $out_trade_no,
            'openid' => $openid,
            'debug' => $bee_debug,
            'optional' => array('t' => $t, 'order_id' => $order_id ,'user_id' =>
$user_id),
            'instant_channel' => 'wx'
        );
        $data['sign'] = $bee_sign;
        ?>

        <script id='spay-script'
    src='https://jspay.beecloud.cn/1/pay/jsbutton/returnscripts?appId=YOURAPPID'></script>
        <script type="text/javascript">
            $(document).ready(function(){
                bcPay();
            });
            function bcPay() {
                BC.click(<?php echo json_encode($data) ; ?>, {
                    wxJsapiFinish : function(res) {
                        //JSAPI 接口调用完成后
                        if(res.err_msg == "get_brand_wcpay_request:ok"){
                            alert(" 微信支付成功 ");

                        }else if(res.err_msg == "get_brand_wcpay_request:cancel"){
                            alert(" 微信支付取消 ");
                        }else if(res.err_msg == "get_brand_wcpay_request:fail"){
                            alert(" 微信支付失败 :(");
                        }
                    },
                    wxJsapiFail : function(res){
                        //alert(' 微信支付失败！请稍后再试 ');
                    },
                    dataError: function(res){},
                    wxJsapiSuccess: function(res){}
                });

            }
        // 这里不直接调用 BC.click 的原因是防止用户单击过快，BC 的 JS 还没加载完成
        // 就单击了支付按钮
```

```
// 实际使用过程中，如果用户不可能在页面加载过程中立刻单击“支付”按钮，就
// 没有必要利用 asyncPay 的方式，而是可以直接调用 BC.click
 function asyncPay() {
    if (typeof BC == "undefined") {
        if (document.addEventListener) { // 大部分浏览器
            document.addEventListener('beecloud:onready',bcPay, false);
        } else if (document.attachEvent) { // 兼容 IE 11 之前的版本
            document.attachEvent('beecloud:onready', bcPay);
        }
    } else {
        bcPay();
    }
}
    </script>
```

运行效果如图 6-7 所示。

图 6-7　BeeCloud 的“秒支付 Button”运行效果

6.5 小结

本章介绍了微信生态中的一个重要组成部分——微信支付。首先对现有微信支付存在的方式进行归类总结，并为商家和开发者的微信支付选择提供了参考性意见。然后基于微信官方的微信支付代码，实现了一个微信支付案例，读者把代码稍做改造即可应用到实际项目中。最后对聚合支付进行了介绍和原理分析，并给出了一个示例。

第 07 章

微信登录

用户在使用软件服务之前，通常需要输入用户名和密码才能登录系统。同样，用户在微信公众号中使用需要身份识别的服务，如查看个人信息、查看订单时，也应事先登录。那么，在微信的浏览器环境中，在保证账户安全的前提下，能否做到免去输入用户名和密码就可以自动识别用户身份，并且自动登录呢？答案是可以的。

利用微信公众号提供的网页授权功能，可以获取到用户的 OpenID，这是用户在公众号内的唯一标识。这个功能为开发者建立基于微信公众号的账户体系提供了技术可行性。开发者可以把 OpenID 看作是用户的身份标识，更重要的是，在微信内置的浏览器环境下，用户不必主动输入用户名和密码就能被系统自动识别，而且，用户的身份无法伪造，这也保证了用户账号的安全性。

本章介绍微信开放平台的微信登录、微信支付和微信分享功能，并着重对微信开放平台的 UnionID 机制进行分析。然后基于微信 OAuth 2.0 授权登录的理论知识，介绍如何让微信用户使用微信身份安全地登录到第三方应用或网站，令公众号用户与现有网站用户的账号信息互通，并基于各类场景分别给出可行的解决方案和代码实现。

7.1 微信开放平台

微信开放平台主要面向移动应用和网站应用开发者，为其提供微信登录、微信支付和微信分享等相关服务和权限。需要注意的是，微信开放平台和微信公众平台是不同的，后者是一个管理微信公众号的后台运营系统。

微信开放平台对于开发者的意义，主要是把现有的移动应用和网站应用接入微信生态体系中，利用微信生态提供的登录、支付和分享等功能，为企业原有的系统带来更多的流量和更多样化的服务。

微信开放平台注册成功后需要进行开发者资质认证，认证过后的开放平台账号才能获得微信登录等高级功能。

如图 7-1 所示，能接入微信开放平台的应用和服务主要包含五大类。

- 移动应用：包含 Android 应用、iOS 应用和 Windows Phone 应用。拥有微信收藏、微信支付、微信登录和智能接口（包含图形识别、语音识别、语音合成和语义理解接口）功能。
- 网站应用：PC 端网站，拥有微信登录和智能接口（语义理解接口）。
- 公众账号：包含微信服务号和订阅号。拥有公众号的相关权限。
- 小程序：拥有小程序的相关权限。
- 第三方平台：提供垂直行业解决方案。公众号通过授权给第三方平台，由其代公众号调用各业务接口来实现业务。

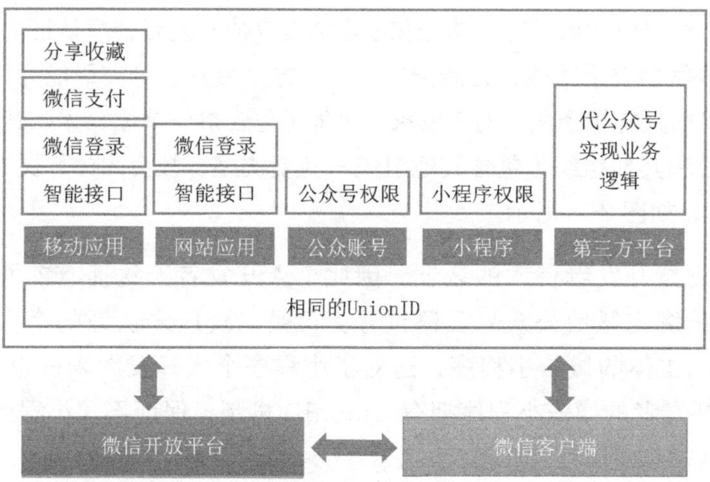

图 7-1 微信开放平台实现的主要功能

接入微信开放平台，需要在开放平台后台进行应用创建并提交审核。如图 7-2 所示，在“管理中心”一栏中进行应用创建或绑定。

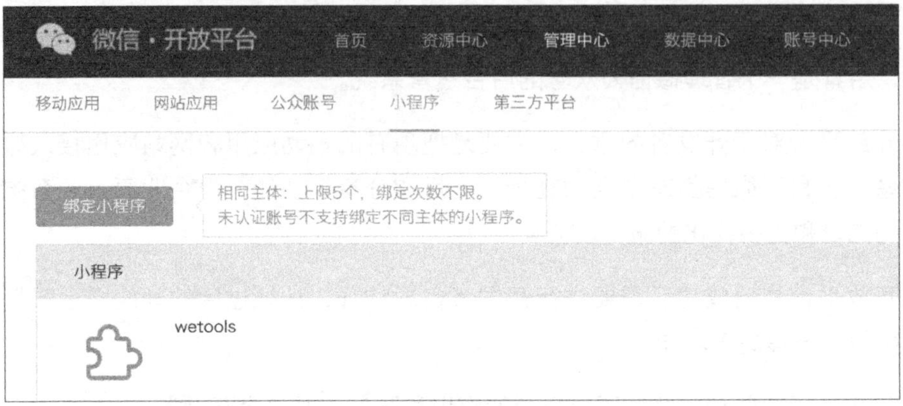

图 7-2　在微信开放平台后台创建应用

移动应用、网站应用和第三方平台都是采用创建的方式，说明之前这三类应用或平台是不存在或者与微信无任何关联的。在这里创建之后，相当于建立了关联，创建之后会生成相应的 AppID 和 AppSecret；而公众账号和小程序是采取绑定的方式，只要把之前的信息绑定到开放平台即可。绑定之后，不会生成新的 AppID 和 AppSecret，而是沿用原有的信息。

7.1.1　个人开发者

微信开放平台注册成功后，部分功能和权限需要完成开发者资质认证之后才能拥有。例如，应用的微信登录功能、智能接口、第三方平台开发等高级能力。开发者资质认证的类型目前只支持企业、网店商家、媒体（包含事业单位媒体、其他媒体）、政府及事业单位和其他组织（包含其他组织 - 免费类型、社会团体、民办非企业和其他组织）5 种，如图 7-3 所示。

由于目前不支持开发者资质的认证，因此个人开发者无法拥有前面所说的高级功能，也无法绑定微信公众号及测试号。但是，资质未认证的个人开发者可以绑定 5 个相同主体的微信小程序，这对于小程序个人开发者来说也是一种福音，可以让个人开发者的微信小程序拥有 UnionID 机制，保证不同小程序间的账户体系互通。

图 7-3 开发者资质认证支持的类型

7.1.2 UnionID 机制

由上述对接入方式的分析可知，对于同一个用户而言，在移动应用、网站应用、公众账号和第三方平台中，由于其 AppID 不一样，因此会产生不同的 OpenID。但是，它们拥有相同的 UnionID。这样可以方便开发者在接入开放平台之后，建立统一的账户体系。UnionID 的规则是，同一用户在同一个微信开放平台下的不同应用中，UnionID 是相同的。

关于用户 UnionID 的获取，分为以下几类情况。

- 公众号用户的 UnionID 值，可以通过微信 OAuth 2.0 网页授权或者由用户基本信息接口获取，但是只有在用户将公众号绑定到微信开放平台账号后，才会出现该字段。下面是通过调用之前介绍的 check_login 方法获取的用户授权信息，拥有 union_id 字段。

```
    auth data: {"authorize_time": 1475508615,"social_id":"oJ3afuBiuYESFeS-
QY2WWNqr2DA8","union_id":"o5PSqv0c9ldAWqInTHr3hcCZDCQk","access_
token":"DK9tZwj2CBXIzNSBH3X-lXp-SauCpv9orCieJNvcczBb3x5ysQrsyN1CgoDn_0WrcqF
BynmqyUk9AGE9ku9ucFi-b8XT-Z2By8Z5u0Z-Fjo","refresh_token":"s9qrFWNCpRXulyq
tmi0y4zK10VW09YU_x4FqjdWcaMsQvo_J-HkUiNt0n0S4Wv3gp_dVnk9QTlVCN8pachggmG70V
0k9pCsz3ON-oGxVv9A","bind_type":1,"expired":1475508615,"nickname":"hellojammy",
```

"province":"Guangdong","city":"Shenzhen","country":"CN","year":0,"avatar_url":"http:\/\/wx.qlogo.cn\/mmopen\/TJ14fXucO1o7TnSa9MZUf5gBxhhZ2tXCr7JDypc8xwqzjIJcww7yPsG41HGxI2jshfm87AFhErLsCJCibKpDAwV0IzyljaJEO\/0","gender":1}

- 小程序也可以绑定到微信开放平台，属于公众账号这个类别。接入开放平台的微信小程序与其他应用一样，拥有相同的 UnionID。小程序获取 OpenID 和 UnionID 的方式与传统的网页授权不一样，稍后的章节将详细介绍。
- 移动应用和网站应用接入开放平台后，UnionID 的值可通过微信 OAuth 2.0 授权获得。

微信开放平台的 UnionID 对于开发者而言意义重大，它可以帮助开发者识别用户在各公众号和应用中的唯一性，统一用户的账户体系。在后续的章节中将介绍如何利用 UnionID 机制来实现用户信息在公众号和网站应用中的互通。

7.2 微信自动登录

在 PC 端的网页登录界面中，很多网站都会有一个类似于“记住我”的选项，用户勾选之后，下次就会自动登录该网站。浏览器也会提供记住用户名和密码的功能，下次用户进入登录界面时就会自动填充。上述两种做法，都是为了实现用户的自动登录功能。那么，在微信公众号中，是否能实现类似的安全自动登录功能呢？答案是肯定的。

让我们来分析一下原理。在微信浏览器环境下，通过微信 OAuth 2.0 网页授权可以获取用户的 OpenID，并且这个 OpenID 针对同一个微信用户是唯一的，假如我们能在 OpenID 和系统 user 表的 UserID 之间建立对应关系，就可以实现微信的自动登录过程。整个流程如图 7-4 所示。

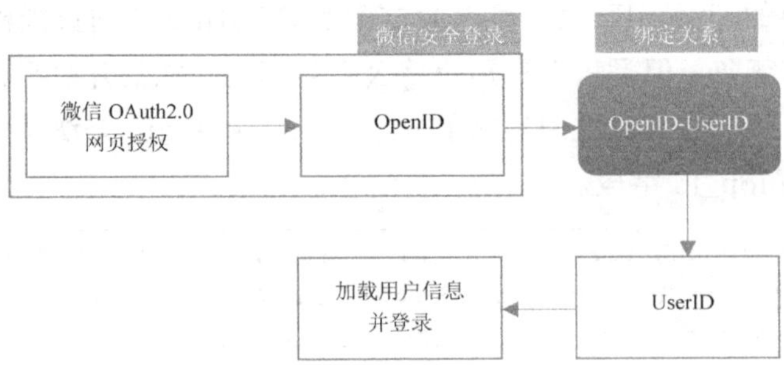

图 7-4 通过 OpenID 自动登录流程

经过分析我们知道，实现微信自动登录的关键是要在 OpenID 和系统 user 表的

UserID 之间建立绑定关系。

下面我们假设在系统的账号体系中，手机号是用户登录的账号，并具有唯一性。

7.2.1 数据结构设计

现在我们来实现上述自动登录方案。首先需要设计两个数据表，一个是 user 表，用来存储用户信息；另一个是 social_binder 表，用来存储 user 表的 id 和 OpenID 之间的对应关系。自动登录的流程如下。

① 用户进入某页面，该页面要求用户为登录状态，例如用户信息页面。

② 根据 OpenID 在 social_binder 表找 user_id。找到 user_id 说明已经绑定过，则跳转至第④步；否则为未绑定，跳转至第③步。

③ 输入手机号，绑定，跳转至第⑤步。

④ 根据 user_id 在 user 表找到用户信息。

⑤ 登录。

user 表用来存储用户信息，用户昵称和头像取自微信授权信息。表数据结构如表 7-1 所示。

表 7-1　　user 表数据结构

字段名	含义
id	主键，自增
nick_name	用户昵称
mobile_phone	用户手机号
avatar_url	用户头像地址
status	用户状态（0：已删除。1：正常登录。2：已锁定）
ctime	创建时间
utime	修改时间

对应的 MySQL 创建表的语句如代码清单 7-1 所示。

代码清单 7-1

```
CREATE TABLE `user` (
  `id` int(11) NOT NULL AUTO_INCREMENT,
  `nick_name` varchar(50) NOT NULL,
  `mobile_phone` varchar(20) DEFAULT NULL,
  `avatar_url` varchar(200) DEFAULT NULL,
  `status` tinyint(4) NOT NULL DEFAULT '1',
  `ctime` datetime NOT NULL,
  `utime` datetime NOT NULL,
  PRIMARY KEY (`id`)
  ) ENGINE=MyISAM AUTO_INCREMENT=4 DEFAULT CHARSET=utf8
```

另一个表是 social_binder 表，用来存储 user_id 与 OpenID 之间的关系。考虑到后续可能存在多种社交账号的绑定（如手机 QQ、微博等），这里有一个 bind_type 字段来区分不同的账号类型。union_id主要是用来识别用户在开放平台内账户的唯一性。表数据结构如表 7-2 所示。

表 7-2　social_binder 表数据结构

字段名	含义
id	主键，自增
user_id	关联 user 表的主键
social_id	社交账号 id，例如微信的 OpenID
union_id	开放平台 id，例如微信开放平台
bind_type	绑定类型（1：微信）
status	用户状态（0：已删除。1：正常登录。2：已锁定）
ctime	创建时间
utime	修改时间

对应的 MySQL 创建表的语句如代码清单 7-2 所示。

代码清单 7-2

```
CREATE TABLE `social_binder` (
  `id` int(11) NOT NULL AUTO_INCREMENT,
  `user_id` int(11) NOT NULL,
  `social_id` varchar(50) NOT NULL,
  `union_id` varchar(50) DEFAULT NULL,
```

```
  `bind_type` tinyint(4) NOT NULL DEFAULT '1',
  `status` tinyint(4) NOT NULL DEFAULT '1',
  `ctime` datetime NOT NULL,
  `utime` datetime NOT NULL,
  PRIMARY KEY (`id`)
) ENGINE=MyISAM AUTO_INCREMENT=3 DEFAULT CHARSET=utf8
```

7.2.2 代码实现

在开始讲解代码之前，要明确登录模式。我根据实际需要将登录模式分为3种。

- 获取微信授权信息，不尝试登录，这是默认的登录模式。
- 获取微信授权信息，并尝试自动登录，假如自动登录失败，返回原页面，不会跳转至账号绑定页面。
- 获取微信授权信息，并尝试自动登录，假如自动登录失败，则跳转至账号绑定页面。

上述3种登录模式，已经定义在config/constants.php中。下面详细看一看自动登录涉及的代码逻辑。

core/MY_Controller.php中新增了一个try_login方法，是微信自动登录的入口方法，在需要登录的页面加入这个方法，并指定登录模式为LOGIN_TYPE_REGISTED，通过OpenID登录失败时，会自动跳转至账号绑定页面。另外，这里调用的auth_redirect()，是微信OAuth 2.0授权登录的实现，在之前的章节有过介绍；_login方法进行了真正的登录操作，设置用户的session会话，如代码清单7-3所示。

代码清单 7-3

```
/**
 * 登录
 * @param int $login_type
 */
function try_login($login_type = LOGIN_TYPE_SOCIAL_INFO_ONLY)
{
    $user_info = $this->session->userdata(KEY_USER_INFO);
    $social_info = $this->session->userdata(KEY_SOCIAL_USER_INFO);
    $need_try_login = $this->need_try_login($login_type);
    if ((empty($social_info) && empty($user_info)) || (empty($user_info) &&
```

```
$need_try_login)){
        if(empty($social_info)){
                //自动授权，这里会进行多次页面跳转
                $this->auth_redirect();
            }else if($need_try_login){
                log_message('debug','[mobile]get social info ok:' .
json_encode($social_info));
                $this->load->service('s_social_binder');
                $user_info = $this-> s_social_binder
    ->get_userinfo_by_social_id($social_info["social_id"], $social_info['bind_type']);
                 log_message('debug','####[mobile]try binder_social_id login,
get_user_info:' . json_encode($user_info));
                //设置 session，即完成登录过程，包括注册用户 / 游客身份
                if($user_info){
                    $this->_login($user_info);
                }
            }
        }

        //登录完成之后，再看是否需要强制跳转到登录页面
        if(($login_type === LOGIN_TYPE_REGISTED) && !$this->is_register()){
            $register_url = $this->config->item('app_path') . 'user/bind';
            log_message('debug', '####[mobile]login with guest, but require phone
user login. redirect to register page:' . $register_url);
            $this->session->set_userdata(APP_REFERRER_URL, $this->request_url());
            redirect($register_url);
            exit;
        }
    }

        /**
         * 根据登录模式，判断是否需要尝试登录，可以以游客身份登录
         * @param int $login_type
         * @return bool
         */
        public function need_try_login($login_type = LOGIN_TYPE_SOCIAL_INFO_ONLY){
            if(in_array($login_type, [LOGIN_TYPE_SOCIAL_INFO_ONLY,
    LOGIN_TYPE_REGISTED])){
                return true;
            }
            return false;
        }
```

```
    /**
     * 真正的登录，会设置 session 信息
     * @param $user_info
     * @return null
     */
    public function _login($user_info){
        if(empty($user_info)){
            log_message('debug', 'login fail, user info empty');
            return null;
        }
            log_message('debug', 'login_ok_'.$user_info['id'].',user_info:' .
json_encode($user_info));
        $this->session->set_userdata(KEY_USER_INFO, $user_info);
        return $user_info;
    }
```

接下来是 models/M_social_binder.php 和 models/M_user.php 两个数据表对应的模型文件。M_social_binder.php 中实现了根据 OpenID 查找 user_id 的 get_by_social_id 方法，如代码清单 7-4 所示。M_user.php 中没有新增方法。两个方法都继承自 MY_Model.php，它实现了保存数据、根据 id 找数据两个基本的方法。

代码清单 7-4

```
    class M_social_binder extends MY_Model{
        private $table_name;
        function __construct(){
            $this->table_name = 'social_binder';
            parent::__construct($this->table_name, 'wx_hello1010');
        }

        /**
        * 根据 social_id 找记录
        * @param $social_id
        * @param $bind_type
        * @return mixed
        */
        function get_by_social_id($social_id, $bind_type){
            $this->db->where('social_id', $social_id);
            $this->db->where('bind_type', intval($bind_type));
            $this->db->order_by('utime','desc');
```

```
            $query = $this->db->get($this->table_name);
            log_message('DEBUG', "sql=" . $this->db->last_query());
            return $query->row_array();
        }
    }
```

接下来是账号绑定页面，这里的逻辑较多，需要完成注册以及绑定两个过程。理论上，用户第一次使用系统时会进入这个页面，按照提示绑定账号后，后续不会再进入该页面。另外，这个页面需要判断是否已经登录，否则页面会进入死循环。需要注意的是，我省略了前端页面验证手机号是否合法的步骤，也没有做手机短信验证码的校验以及手机号码唯一性校验，这里只是一个演示作用，如代码清单 7-5 所示。

代码清单 7-5

```
    /**
    * 账号绑定
    */
    public function bind(){
        $data['head_title'] = '账户信息绑定';
        $this->try_login(LOGIN_TYPE_SOCIAL_INFO_ONLY);
        //查看是否已经登录了。假如已经登录，则不能转到注册页面
        $user_info = $this->session->userdata(KEY_USER_INFO);
        //已经登录
        if($user_info){
            $url = $this->request_url();
            //假如是从绑定页面跳转过来的，则回首页；否则进入无限循环
            if(strpos($url, 'user/bind') !== FALSE){
                log_message('debug', 'request url:'.$this->request_url().', has
logined,redirect to app_root_path');
                redirect($this->config->item('app_path'));
            }else{
                redirect($url);
            }
        }
        $this->try_login(LOGIN_TYPE_SOCIAL_INFO_ONLY);
        //信息提交
        if(isset($_POST['mobile_phone'])){
            $mobile_phone = $this->input->post('mobile_phone');
            //手机号唯一性验证，手机短信验证码验证，逻辑省略
            //……
            $social_info = $this->session->userdata(KEY_SOCIAL_USER_INFO);
```

```
            $this->load->model('M_user');
            $user_data = array(
                'nick_name'    => $social_info['nickname'],
                'mobile_phone' => $mobile_phone,
                'avatar_url'   => $social_info['avatar_url']
            );
            $ret = $this->M_user->save_entry($user_data);

            if($ret > 0){
                $user_data['id'] = $ret;
                //添加绑定关系，user_id和social_id这两个参数是关键
                $bind_data = array(
                    'user_id'    => intval($ret),
                    'social_id' => $social_info['social_id'],
                    'union_id'   => $social_info['union_id'],
                    'bind_type' => $social_info['bind_type']
                );
                $this->load->model('M_social_binder');
                $ret = $this->M_social_binder->save_entry($bind_data);
                if($ret > 0){
                    $url = $this->config->item('app_path') . 'user';
                    //登录
                    $this->_login($user_data);
                    header("Location: $url");
                    exit;
                }else{
                    die('账号信息绑定失败');
                }
            }else{
                die('账号信息绑定失败');
            }

        }else{
            //正常授权登录
            $this->try_login(LOGIN_TYPE_SOCIAL_INFO_ONLY);
        }

        $this->render('bind', $data);
    }
```

下面来看如何使用自动登录的方法。在 controllers/User.php 的 index 方法中，调用 try_login，并指定参数为 LOGIN_TYPE_REGISTED，只需要这一行代码。

至此，微信自动登录的主要代码已经介绍完毕，完整代码可参考工程代码。实际的效果如图 7-5 和图 7-6 所示。

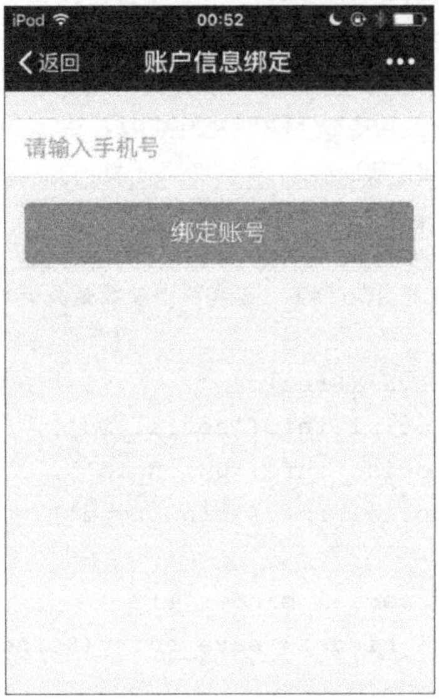

图 7-5　输入手机号绑定

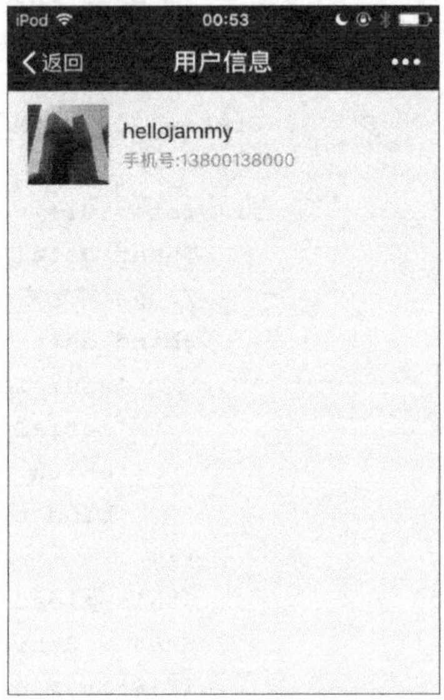

图 7-6　已绑定账号后自动登录成功

7.2.3　使用 UnionID 登录

上述代码示例，已经可以实现通过用户的 OpenID 自动登录，但是还没有使用到微信开放平台的 UnionID。当用户注册绑定公众号账户，并在 PC 站点中使用微信登录时，如果同一个用户，在公众号和 PC 站点中拥有不同的 OpenID，则系统会认为这是两个用户，因此需要用到 UnionID。这时需要改造 try_login 方法，如代码清单 7-6 所示。

代码清单 7-6

```
        $this->load->service('s_social_binder');
        $user_info =
    $this->s_social_binder->get_userinfo_by_social_id($social_info["social_id"],
    $social_info['bind_type']);
        if(empty($user_info) && ($social_info['bind_type'] ===
    SOCIAL_BINDER_TYPE_WECHAT)){
          $user_info =
    $this->s_social_binder->get_userinfo_by_union_id($social_ info["union_id"]);
              log_message('debug','####[mobile]try binder_union_id login,
```

```
get_user_info:' . json_encode($user_info));
            //添加绑定关系，下次就能以 social_id 登录
            if(!empty($user_info)){
                $this->load->model('M_social_binder');
                $data = array(
                    "user_id" => $user_info["id"],
                    "phone" => $user_info["mobile_phone"],
                    "social_id" => $user_info["social_id"],
                    "union_id" => $user_info["union_id"],
                    "bind_type" => $user_info["bind_type"]
                );
                $this->M_social_binder->save_entry($data);
            }
        }
```

这里的主要思路是，通过 OpenID 登录失败后，再尝试使用 UnionID 登录，登录成功后，说明该用户已经在应用中绑定，然后取绑定用户的 id 和当前 OpenID 新增一条绑定关系记录，下次就可以直接使用新的 OpenID 进行登录。

整体的登录流程如图 7-7 所示。

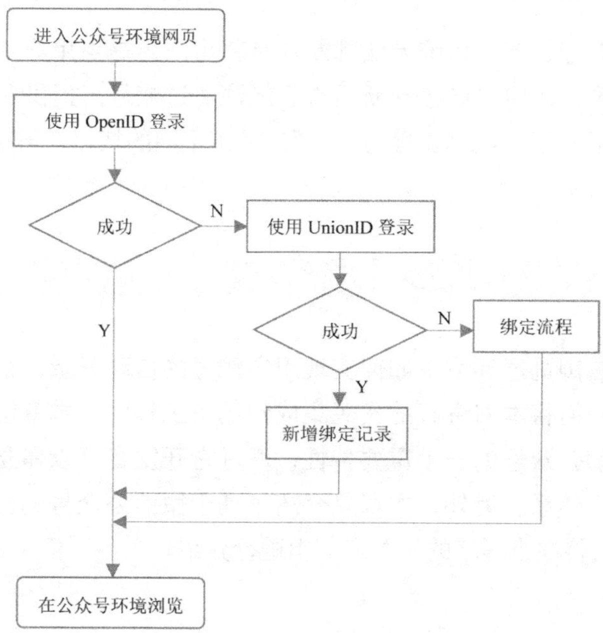

图 7-7　用户登录流程

7.2.4 如何应用到现有站点

7.2.3 节的微信自动登录方案，适用于公众号的新用户，即该用户还未使用手机号注册账户，用户在第一次进入公众号内网页时，会自动跳转至登录页（也就是账号绑定页），使用手机号绑定（自动注册一个新用户）之后，再进入页面就可以自动登录了。但是，某些企业的产品在接入公众号前，往往已经有了一批注册用户，现在要做的是把这批用户的账号“导入”公众号中，让这批用户在微信公众号内的网页中能自动登录。这里的“导入”指的是通过一定的运营手段从其他产品线（如 PC 端站点、APP 客户端等产品形态）引导用户关注公众号，并进入相应的页面进行浏览。下面先定义两类用户。

- 新用户：用户未使用手机号在产品中注册过账户。
- 老用户：用户已使用手机号在产品中注册过账户。

对于第一类用户，我们可以采用 7.2.2 节中讨论的绑定方案，直接让用户输入手机号进行绑定。对于第二类用户，需要使用手机号在 user 表中找到该用户的信息（主要是为了获取 user_id 信息），然后在 social_binder 表中新增一条记录，即添加绑定关系，这里就不能在 user 表中再新增用户了。

由于用户提交手机号之前，系统无法判断他是新用户还是老用户，因此我们可以对绑定页面稍作修改，让用户自己判断是否已经注册过账号。提供两个按钮供用户选择，例如“我已有账号”“注册新账号”。用户单击不同的按钮，再执行相应的新老用户绑定逻辑。

7.3 小结

本章介绍了在微信浏览器环境下如何实现用户账号的自动登录，结合代码进行了详细的分析。对于如何将本书讲解的代码集成到已有工程中，本章也进行了介绍。微信自动登录是微信公众号的一个重要特性，通过它开发者可以建立基于微信账户体系的自有系统账户体系。另外，本章只介绍了基于微信公众号的微信登录，关于小程序的微信登录，将在小程序的相关章节中进行介绍。

第三部分

第08章 初识微信小程序

从来没有一款产品能像微信这样深刻地改变用户的社交方式，更没有一款产品能像小程序一样还未发布就引起业界绝大多数企业和开发者的高度关注。在 2016 年的微信公开课上，张小龙首次提出了应用号的概念。

微信公众号相比较于传统的 APP 而言，开发、用户获取和传播的成本都相对较低，因此，越来越多的产品通过公众号来实现其线上的传播和营销，它也是初创型企业快速验证商业模式的首选。但是，由于网页的体验等局限性，公众号中的服务号并没有如预期那样提供更好的服务，因此，微信生态中需要一个能改变这种现状的新的形态出现。小程序正肩负着这样的使命。

本章将介绍小程序的基本概念，并从零开始搭建一个小程序应用。

8.1 小程序简介

“小程序是一种新的开放能力，可以在微信内被便捷地获取和传播，同时具有出色的使用体验。”这是微信官方对小程序的介绍。下面我们从开发者的角度来聊一聊微信小程序。

- 小程序不是 HTML 5：HTML 5 的主要运行环境是浏览器（包括 WebView），而微信小程序的运行环境并非是完整的浏览器，在脚本内无法使用浏览器的 window 对象和 document 对象。因此，jQuery 和 Zepto 这类可以操作 DOM 的库都无法使用。小程序不兼容 HTML 语法，它只兼容部分 CSS 语法，但是非常有限。小程序中新增了 wxss 和 wxml 两种新的文件类型，全称分别是 WeiXin Markup Language 和 WeiXin Style Sheet。
- 现有 Web 站点无法经过简单改造转换成微信小程序：小程序使用的开发框架和语言是由微信定义的，现有产品要开发小程序版本，几乎要将代码全部重新实现一遍。
- 开发限制：发布的包文件大小不超过 2MB 以节省内存，一个页面并发的请求不超过 5 个，页面层级跳转不超过 10 层（小程序刚推出时，限制为不超过 5 层），只支持 HTTPS 协议请求。
- 小程序的版本发布需要通过微信审核：小程序的更新需要在后台提交发布申请，由微信审核通过后才能正式发布。这种做法类似于苹果的 AppStore 审核机制，不过小程序没有中心化的应用商店，例如苹果的 AppStore、腾讯的应用宝商店、小米的应用商店等。
- 小程序不是“无所不能”的：受限于目前所拥有的接口能力及各种限制，小程序不能承载所有的用户需求。更重要的一点是，小程序依赖于微信，需要遵守微信的规则，假如要实现的业务与微信规则有冲突，运营者就必须做出妥协。

小程序存在的价值和意义，是希望用户既能“触手可及”，又能“用完即走”。它不希望用户在小程序的使用上花费过多时间。随着微信生态的不断完善，小程序在公众号和微信聊天等各处都留有踪影。比如可以在聊天会话中分享小程序，可以在公众号菜单和模板消息中打开小程序。当然，二维码依然是小程序的主要入口，微信也非常有创意地推出了小程序的专属圆形二维码，这再次唤醒了大家在朋友圈传播小程序二维码的热情，而且从传统的黑白相间方方正正到圆形多彩的二维码的转换，也缓解了大家的审美疲劳。

正如张小龙所言，我们要理解小程序，首先需要理解 PC 时代的官网。在 PC 时代，没有官网是不行的，因为它是用户了解企业的重要入口，从官网可以看出一家企业是否靠谱。但是，官网并不是全部。如今，用户需要某类服务时，能否第一时间想到在微信上搜索小程序也非常重要，这就是触手可及。当用户得到他所需要的服务之后，也不太希望受到打扰，这就是用完即走。

8.2　开发第一个小程序

接下来我们使用微信开发者工具来开发我们的第一小程序，实现小程序版本的“Hello World”。

8.2.1　注册微信小程序

新建小程序时需要填写 AppID，在注册完小程序之后我们将会有一个 AppID。

注册步骤分填写账号信息、激活邮箱和信息登记 3 步。读者按照流程完成注册即可。在信息登记这一步，主体类型请读者根据实际情况进行选择。假如是个人开发者，则选择“个人”。

8.2.2　新建项目

打开微信开发者工具，在主界面选择“小程序项目”，单击“项目管理”右边的“+”进入新建小程序的界面。这里需要选择项目目录，填写小程序 AppID 以及项目名称，并选择“建立普通快速启动模板”，单击“确定”即可完成项目的新建，如图 8-1 所示。

图 8-1　新建一个小程序

这里，AppID 需要在小程序后台查找。登录小程序后台，依次进入“设置”→“开发设置”，在“开发者 ID”一栏即可找到。不过读者也可以选择“体验”后面的“小程序”，免去填写 AppID 这一步，但是以这种方式新建出来的小程序部分功能受限。

至此，我们的第一个小程序项目就新建完成了。由于新建项目时选择了快速启动模板，因此单击工具上的编译按钮，就可以在模拟器中运行小程序，如图 8-2 所示。该小程序项目的文件组成和代码分析将在接下来的小节详细介绍。

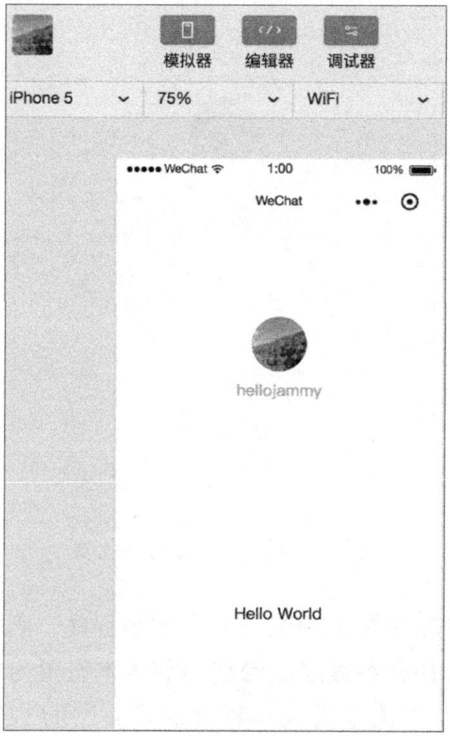

图 8-2　在模拟器中查看运行效果

8.2.3　查看小程序效果

可以在开发者工具的模拟器以及手机中预览小程序运行效果。

- 在模拟器中查看效果。初次打开创建好的微信小程序项目，会自动编译并看到运行效果，如图 8-2 所示。如果修改了小程序代码，在保存源文件之后，默认情况下会自动重新编译并在模拟器中看到新的运行效果，也可手动单击“编译”按钮进行编译。

- 在手机中查看效果。假如开发者已经申请了 AppID，则可在手机中查看效果。单击开发者工具中编译按钮旁边的“预览”按钮，弹出一个二维码，使用有开发者权限的微信扫描二维码，即可在手机上看到运行效果，如图 8-3 所示。

图 8-3　在手机中查看运行效果

另外，假如让其他人也在手机上预览开发中的小程序，则需要在开发者工具中上传当前开发的小程序，并在小程序后台把当前版本设置为体验版本，然后再给体验者开通体验者权限。方法是进入小程序后台：“用户身份”→“成员管理”，单击右侧的“编辑”选择“添加成员”，使用管理员微信扫一扫后输入体验者微信号并发送邀请，勾选“体验者权限”，保存并待用户在微信端确认后便可体验。

8.2.4　小程序主要文件

打开由 8.2.2 节新建的“helloworld-miniapp”小程序工程，各页面和目录的主要用途如图 8-4 所示。由于新建工程时已经选择了模板工程，因此默认会生成模板文件。下面按照文件类型来简要介绍项目中的文件和文件夹。

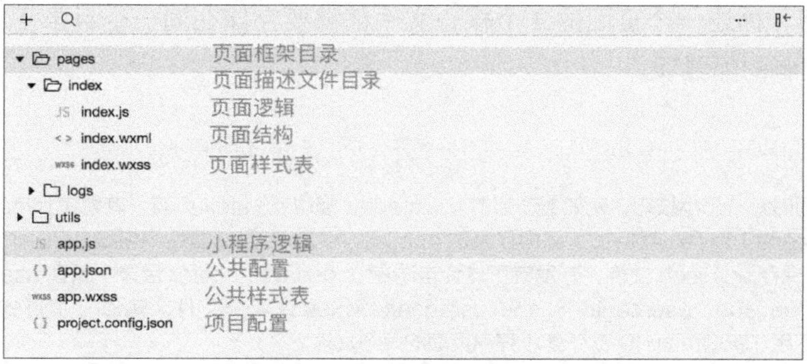

图 8-4 小程序页面构成

- *.wxml 文件：页面模板文件，相当于 Web 开发中的 HTML 文件，是 MINA 框架定义的一套标签语言，定义用于前端显示的各类标签，例如 view、button、text 等，它也包含了一些语法，例如 wx:if。这些标签结合基础组件和事件系统，可以构建出页面的结构。
- *.wxss 文件：页面样式文件，相当于 Web 开发中的 CSS 文件，是 MINA 框架定义的一套样式语言，用于描述 WXML 的组件样式，决定 XWML 的组件如何在页面中显示，包括位置、字体颜色、大小等。WXSS 文件与 CSS 文件的特性基本相同，但也有扩充和修改，如尺寸单位和样式导入。
- *.json 文件：配置文件，用于定义小程序应用、页面以及工程的配置信息。app.json 文件是当前小程序的全局配置，包括了小程序的所有页面路径、界面表现、网络超时等信息。
- *.js 文件：脚本逻辑文件，与 Web 开发中的前端 JS 文件作用类似，用于定义页面的交互，例如响应用户的按钮单击、获取用户地理位置信息等。更为重要的是，可以在 JS 文件中使用微信提供的 API（类似于公众号网页开发的 JS-SDK），使小程序具备微信原生 APP 的能力，例如微信支付。

在工程中，pages 目录用于存储小程序的页面文件。通常会在 pages 目录下新建子目录来管理每个子页面，每个页面由上述 4 类文件构成。例如我们定义一个用户个人中心的模块，取子目录的名为“usercenter”，并新建 index 页面，那么我们会有 4 个文件，名称和路径分别如下。

```
pages/usercenter/index.js
pages/usercenter/index.json
pages/usercenter/index.wxml
pages/usercenter/index.wxss
```

通常情况下，描述一个页面的 4 个核心文件都需要存储在同一个目录下，这也是为了减少开发者的配置项。

小提示

新建页面时有一个小技巧，例如要新建的 usercenter 模块及 index 页面：首先在 pages 目录中新建 usercenter 目录，然后在工程根目录的 app.json 中的 pages 属性中新增 pages/usercenter/index，保存 app.json 文件，开发者工具会自动在 pages/usercenter 目录中新建 usercenter.js、usercenter.json、usercenter.wxml、usercenter.wxss 这 4 个文件。知道了工具的这个功能，就可以不用在新增页面时手动新建小程序页面的每个文件。

8.2.5　项目代码解析

新建的小程序模板项目，实现的主要功能是，第一次运行时弹出授权框，获取用户授权，用户单击"同意"之后在页面中显示用户头像和昵称，并输出"Hello World"。下面来看一看这个项目的代码。我们先认识几个小程序中的重要函数。

- APP：APP() 函数用来注册一个小程序。它接收一个 object 参数，其指定小程序的生命周期函数等。它定义在小程序的根目录 app.js 文件中，也是小程序的入口。
- Page：Page() 函数用来注册一个页面。它接收一个 object 参数，其指定页面的初始数据、生命周期函数、事件处理函数等。它定义在每个页面的 JS 文件中。

首先看一看小程序的入口代码逻辑，它定义在 app.js 文件中，主要逻辑包括注册一个小程序，实现登录，获取用户信息，最后定义一个 globalData.userInfo 全局变量，用于存储授权获取的用户信息。

小程序注册完毕之后，就拥有了完整的生命周期。接下来进入首页，小程序的入口页面定义在 app.json 文件中 pages 属性的第一个元素，即 pages/index/index。它实现的主要功能是获取用户信息，并兼容不同的小程序基础库。如代码清单 8-1 所示。代码的主要逻辑在 pages/index/index.js 文件中，它通过 Page 方法注册 index 页面，并定义了如下的若干数据和方法。

- Data 数据：定义了 4 个属性。需要特别说明的是 canIUse 属性，它通过 wx.canIUse 方法来赋值，判断当前使用的小程序基础库版本是否支持类型为 getUserInfo 的 button。假如支持，则会在页面中出现类型为 getUserInfo

的 button；否则会自动隐藏按钮。有关小程序基础库和 wx.canIUse 方法的使用可参考小程序官方文档解析。

- onLoad 方法：if-else 判断的 3 个分支通过不同的方法获取用户信息后，都做同一件事，即设置用户信息到 userInfo 属性，并把 hasUserInfo 设置为 true。第一个分支的执行条件是 app.globalData.userInfo 为 true 的情况，也就是 userInfo 存在的情况，直接设置用户信息；第二个 else if 分支的执行条件是 this.data.canIUse 为 true 的情况，也就是小程序基础库支持授权 button，此时在 app 全局作用域中定义一个 userInfoReadyCallback 方法，供 app.js 在异步获取用户信息之后回调；最后一个 else 分支主要是在小程序不支持授权 button 的情况下，直接调用 wx.getUserInfo 方法获取用户信息。
- getUserInfo 方法：响应 button 事件，主要逻辑也是用户信息设置。该方法只会在支持 button 类型为 getUserInfo 的小程序中响应。

代码清单 8-1

```
//index.js
//获取应用实例
const app = getAPP()
Page({
  data: {
    motto: 'Hello World',
    userInfo: {},
    hasUserInfo: false,
    canIUse: wx.canIUse('button.open-type.getUserInfo')
  },
  //事件处理函数
  bindViewTap: function() {
    wx.navigateTo({
      url: '../logs/logs'
    })
  },
  onLoad: function () {
    if (app.globalData.userInfo) {
      this.setData({
        userInfo: app.globalData.userInfo,
        hasUserInfo: true
      })
    } else if (this.data.canIUse){
      // 因为 getUserInfo 是网络请求，可能会在 Page.onLoad 之后才返回
```

```
          // 此处加入 callback 以防止这种情况
          app.userInfoReadyCallback = res => {
            this.setData({
              userInfo: res.userInfo,
              hasUserInfo: true
            })
          }
        } else {
          // 在没有 open-type=getUserInfo 版本的兼容处理
          wx.getUserInfo({
            success: res => {
              app.globalData.userInfo = res.userInfo
              this.setData({
                userInfo: res.userInfo,
                hasUserInfo: true
              })
            }
          })
        }
      },
      getUserInfo: function(e) {
        console.log(e)
        app.globalData.userInfo = e.detail.userInfo
        this.setData({
          userInfo: e.detail.userInfo,
          hasUserInfo: true
        })
      }
    })
```

Index 页面的视图层代码在 pages/index/index.wxml 文件中，通过 wx:if 来判断是显示授权按钮还是显示用户头像和昵称，最后都显示“Hello World”，如代码清单 8-2 所示。

代码清单 8-2

```
    <!--index.wxml-->
    <view class="container">
        <view class="userinfo">
         <button wx:if="{{!hasUserInfo && canIUse}}" open-type="getUserInfo"
bindgetuserinfo="getUserInfo"> 手动授权 </button>
```

```
        <block wx:else>
          <image bindtap="bindViewTap" class="userinfo-avatar"
src="{{userInfo.avatarUrl}}" background-size="cover"></image>
          <text class="userinfo-nickname">{{userInfo.nickName}}</text>
      </block>
      </view>
      <view class="usermotto">
      <text class="user-motto">{{motto}}</text>
   </view>
</view>
```

核心代码就讲解完了。下面再串起来理解一下核心流程：第一次运行小程序时，假如基础库支持授权按钮，则页面显示授权按钮，如图 8-5 所示，单击“手动授权”按钮执行 pages/index/index.js 中定义的 getUserInfo 方法，弹出授权框，如图 8-6 所示，用户单击“允许”，程序获取用户信息，并设置显示到页面中，如图 8-7 所示；假如小程序基础库不支持授权按钮，则页面中不会显示授权按钮，进入 index.js 中的 onLoad 方法的 else 分支，直接弹出授权框，如图 8-8 所示。接下来的逻辑也是获取用户信息并设置到页面。

图 8-5 初始运行界面

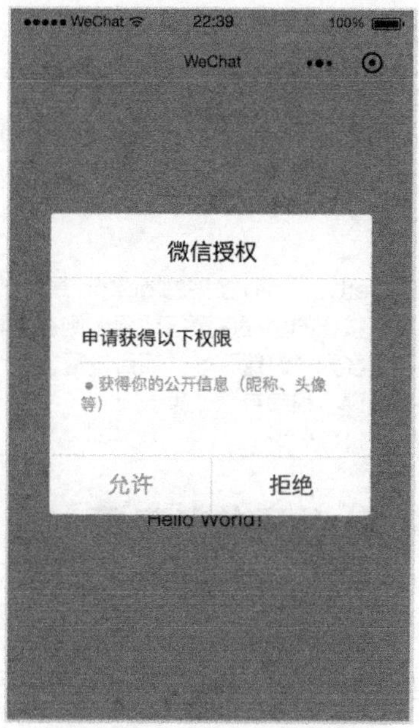

图 8-6 弹框申请用户授权

图 8-7　授权成功显示用户信息

图 8-8　低版本基础库直接弹框申请用户授权

如果用户同意此次授权，则之后每次运行小程序，都直接执行 app.js 中 onLaunch 方法的 wx.getSetting 逻辑：通过 wx.getUserInfo 获取用户信息（因为用户已同意过一次授权，在有效期内不再弹出授权框），回调 userInfoReadyCallback 方法，它定义在 pages/index/index.js 中 onLoad 方法的 else if 分支中。

注意

由于 getUserInfo 类型的 button 是基础库 1.3.0 及更高版本才支持的，因此，假如读者要体验不支持授权按钮的小程序运行效果，则在小程序开发者工具中设置调试基础库为低于 1.3.0 的版本即可，设置路径为“设置”→“项目设置”→“调试基础库”，选择 1.2.5 版本。清除小程序授权缓存信息，重新编译小程序查看效果。

8.3　认识开发者工具

小程序采用微信团队自研的 MINA 框架，并重新定义了前端开发语言，因此开发小程序也需要一个具备编译和调试小程序等基本能力的工具。

微信团队在原有微信公众号网页调试工具的基础上，推出了集成公众号网页调试和微信小程序开发的全新工具——微信开发者工具（工具采用 NW.js 编写），它方便开发者更加高效和简单地开发微信小程序。工具针对 Windows（32 位和 64 位）和 Mac 推出了不同版本，安装之后首次打开需要使用微信扫码登录。

小程序开发工具的主要功能包括小程序 API 和页面的开发调试、代码查看和编辑、小程序预览和发布等，同时也提供了一些辅助功能，例如基于腾讯云快速搭建小程序后台运行环境、申请小程序测试报告。

微信官方的开发工具目前所具备的功能比较有限，还无法称为一个标准的 IDE（集成开发环境）。某些功能，例如代码编辑功能、API 提示、代码重构等，它都不具备或者还不太完善，更为重要的是，目前这个开发工具还不支持插件功能。不过相信微信开发者工具一定会朝着 IDE 的方向演进，让我们拭目以待吧。

另外，假如开发者习惯于之前所使用的编辑器或 IDE，也可以继续使用，但是需要下载相应的插件来支持小程序的代码提示，例如 WebStorm、PhpStorm 和 Sublim Text 就具备相应的小程序开发插件。但是需要注意的是，目前只有微信官方的开发者工具支持小程序的编译、调试和运行。

开发者工具的主界面如图 8-9 所示。工具的基本操作在这里不进行过多描述，下面介绍开发者工具的几个核心功能。

图 8-9　微信开发者工具主界面

- 编译：编译之后，将会在模拟器中实时看到运行效果。当修改并保存小程序文件时，默认情况下开发者工具会自动编译代码（可设置“设置”→“编辑设置”→“保存时自动编译小程序”，默认为勾选）。

- 预览：通过扫描二维码在手机上预览小程序。
- 远程调试：可以在开发者工具中选择到手机端运行小程序的显示页面，在这里可以实时地查看到运行在手机端页面的 wxml 结构和数据存储等，它提供了内容和性能分析工具，以及 Console 用于执行简单的脚本。远程调试功能非常实用，它可以极大地提高开发者定位问题的效率。
- 测试：使用在线的多个真机资源（主要是安卓机型）进行自动化测试，最终会生成一份测试报告，包括各页面的加载时间、使用内存、CPU 占比等信息，如图 8-10 所示。该功能由腾讯质量开放平台的 WeTest 提供技术支持。

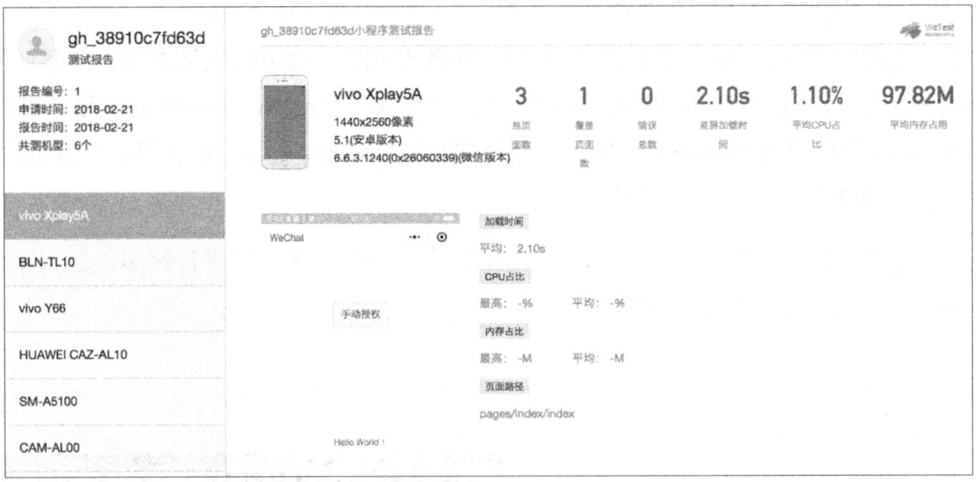

图 8-10　小程序测试报告

8.4　小程序功能演变

小程序自 2017 年 1 月正式上线以来，开放功能逐渐演变。每一次新功能的发布，对开发者来说都是一次新的赋能。纵观小程序功能的演变，可以看出小程序“开放”的决心，也能看出小程序的“节制”。以小程序的分享功能来举例，用户可以将小程序的任一页面分享出去，这体现了开放；但是只可以分享给朋友、微信群，而不能分享到朋友圈，这又体现了节制。更深一层，小程序的分享机制，既满足了用户的分享需求，又抑制了商家可能存在的过度营销。虽然看上去有一定局限性，但长远看来，对小程序的整体生态和用户体验来说都是有益的。

下面来回顾一下小程序功能的演变历程（见表 8-1）。

表 8-1 小程序功能的演变历程

<table>
<tr><th>时间点</th><th>新增主要功能点概括</th></tr>
<tr><td>2017 年 1 月</td><td>小程序正式发布上线</td></tr>
<tr><td>2017 年 3 月</td><td>向个人开发者开放小程序，打通公众号
1. 个人开发者可申请小程序
2. 公众号可跳转至小程序
3. 二维码可跳转至小程序</td></tr>
<tr><td>2017 年 4 月</td><td>加强与公众号的关联，第三方平台小程序
1. 公众号可关联 3 个小程序
2. 同一个小程序可关联 3 个公众号
3. 公众号可关联统一主体下的 10 个小程序
4. 公众号文章可添加小程序
5. 第三方平台支持小程序</td></tr>
<tr><td>2017 年 5 月</td><td>开放更多流量入口
1. 附近的小程序上线
2. “小程序数据助手”发布
3. 接入微信运动
4. 获取群 ID 和群名称
5. 支持转发小程序</td></tr>
<tr><td>2017 年 6 月</td><td>增强小程序推广功能
1. 小程序支持自定义关键词
2. 小程序新增“星标”功能
3. 小程序之间可互相跳转
4. 第三方平台可管理门店小程序</td></tr>
<tr><td>2017 年 7 月</td><td>开发者功能大幅提升
1. 新增状态信息展示
2. 小程序后台增加运维中心
3. 升级获取用户信息方式，提高用户授权成功率
4. 第三方平台功能提升</td></tr>
<tr><td>2017 年 8 月</td><td>1. 门店小程序可跳转关联小程序
2. 小程序支持版本回退
3. 附近的小程序功能升级
4. 小程序开发者工具全新升级</td></tr>
<tr><td>2017 年 9 月</td><td>继续增强小程序与公众号的联系
1. 小程序内支付后可关注公众号
2. 搜索框下方增加小程序快捷入口</td></tr>
</table>

续表

时间点	新增主要功能点概括
2017 年 10 月	小程序功能提升 1. 新增相机组件 2. 优化音频功能 3. 完善用户访问来源
2017 年 11 月	小程序丰富程度提升 1. 小程序支持内联网页 2. 小程序可通过公众号底部广告位推广
2017 年 12 月	小程序连接功能提升，支持小游戏开发 1. 开放更多硬件连接功能 2. 增强第三方平台功能 3. 新增小程序任务栏 4. 小游戏开发支持
2018 年 1 月	1. 小程序支持打开移动应用 2. 小程序支持真机调试
2018 年 3 月	1. 小程序插件功能上线 2. 开发者工具新增代码片段功能，并可分享

自 2017 年 1 月推出以来，从早期的各种条条框框限制约束，到逐步开放更多接口功能并放宽限制，我们见证了小程序不断试错和完善的过程。小程序的功能性持续得到提升，它将用户与众多的线上及线下服务连接起来，包括零售、电子商务、生活服务、政务民生及游戏。尤其是小游戏，它于 2017 年 12 月推出后受到用户热烈反应，进一步带动用户使用小程序。截至 2018 年 1 月，已推出 58 万个小程序，日活跃用户量超过 1.7 亿。这个数字还在持续增长。

8.5 小程序流量入口

小程序上线以来，流量入口不断释放。据不完全统计，小程序的入口已经超过 50 多个，这些入口对商家来说，在商业变现和交易促成方面均有较大帮助。这里整理了几类主要的小程序入口，如图 8-11 所示，主要包括主入口、小程序自身入口、搜索栏、公众号入口、二维码 / 小程序码入口、各类 APP 等。线上入口方面，小程序打通了微信个人号、订阅号 / 服务号、微信群聊天、朋友圈；线下入口则通过二维码 / 小程序码、微信卡券、微信支付连接服务与商业。

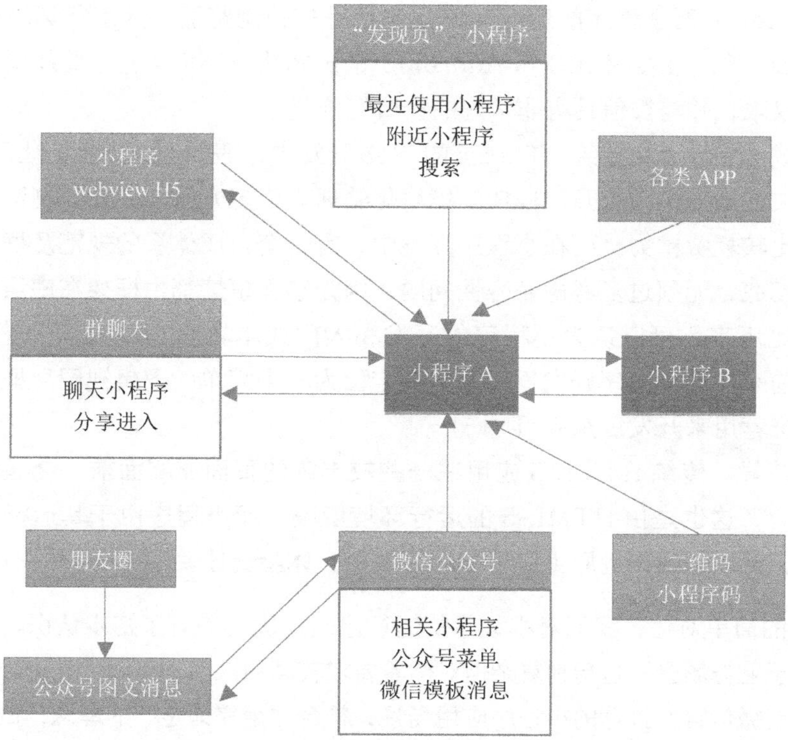

图 8-11 小程序主要入口汇总

8.6 小程序应用场景

小程序刚上线时，由于微信官方的资料较少，开发者们在互联网上对小程序开发进行了各种各样的分析，小程序与传统的 HTML 5 应用开发有哪些方面的联系和区别？已有的 HTML 5 应用能否升级为小程序？小程序的开发需要具备哪些技能？小程序到底能做哪些事情，应用场景有哪些？人们在互联网上讨论得如火如荼。接下来，我们将探讨几个重要的问题，一起来解答小程序开发的疑问。

8.6.1 小程序与 HTML 5 应用的差异

小程序的开发与传统的 HTML 5 应用开发比较类似，因此我们从以下不同角度来介绍两者的差异，帮助大家理解小程序相关的开发概念。

➢ 程序运行环境的差异。传统 HTML 5 应用的运行环境是浏览器以及手机端的

WebView，而小程序的运行环境并非是完整的浏览器，其运行环境依赖于各移动端平台（主要是 iOS 和 Android）的脚本执行环境，基于此新增了系统级别的权限，并与微信具有非常好的接口衔接能力。

- 开发成本差异。在传统 HTML 5 的 Web 开发中，假如考虑到规范化及工程化，需要关注到各类前端开发框架、模块化管理等诸多方面。另外，浏览器兼容问题也比较耗费精力。而在小程序开发中，有一套自成体系的规范及框架，技术封装彻底，无须过多考虑兼容性问题，因为这些事情都由框架在底层支撑。简单对比下来，可以认为小程序的开发和入门成本较 HTML 5 低一些。当然，就目前来看，小程序开发框架本身被定位为一个简单的逻辑视图层框架，官方也不推荐用来开发复杂应用。
- 体验差异。传统 HTML 5 应用在一些较丰富的页面交互面前，会显得略微力不从心，这也是由 HTML 5 的运行环境所限。而小程序由于其运行环境的独特性，可以达到接近原生应用的运行效果，体验更佳。

通过上述的简单对比，我们对小程序的运行原理及优劣势有了初步认识。简单总结一下：对于业务场景不是特别复杂但对体验要求较高的产品，可以优先选择微信小程序，这也是微信官方推荐的小程序应用场景，符合“用完即走”的理念，例如停车场扫码缴费小程序。

8.6.2 如何着手开发小程序

由前面的介绍可知，小程序的界面是一个应用界面，而并非传统的 Web 页面，因此，小程序前端的开发语言与传统的 HTML 5 开发也有所不同，必备的技能知识点有以下几个。

- 微信标记语言 WeiXin Marked Language（WXML）
- 微信样式表 WeiXin Style Sheet（WXSS）
- JavaScript

WXML 与 HTML 的写法类似，WXSS 与 CSS 的写法类似，但是都需要开发者重新适应新语法。WXML 和 WXSS 是视图层描述语言，JavaScript 负责处理小程序的逻辑层。

了解小程序需要的技能清单后，来看一看几种不同职业开发者如何着手开发微信小程序。

- iOS/Android 开发者。客户端的开发语言（主要是 Object-C 和 Java）与小程序开发语言没有太多共同点，因此，APP 开发者要进行小程序开发，必须学习 JavaScript 语言。另外，由于在客户端开发时也会涉及页面布局文件的开发及配置，因此，WXML 和 WXSS 对开发者来说并不会那么陌生。
- 前端开发者。小程序的开发语言与 Web 前端开发语言比较类似，对前端开发者来说，从前端开发到小程序开发几乎是零成本。前端开发者需要适应从传统的 HTML 语法到 WXML 语法的差异。不过，部分前端框架无法在小程序中使用，例如 jQuery 和 Zepto 这类操作浏览器 DOM 结构的类库。
- 后端开发者。小程序与后端通信时，需要用到后端开发的接口，而后端开发语言不限，因此，后端开发者不需要重新学习新的语言。不过，小程序的审核机制对用户体验的要求也较高，为了能给用户提供更好的服务，也会对后端开发者的接口开发能力提出更高的要求。

8.7 小结

本章介绍了小程序的基本概念，从零开始介绍如何开发一个小程序，并对代码进行了详细分析。另外，对微信开发者工具的使用也进行了介绍，回顾了小程序自上线以来的功能演变。最后对小程序的应用场景进行了简单的介绍。接下来，我们将对小程序的运行原理及架构进行分析，以帮助大家从技术的角度进一步理解微信小程序。

第09章 小程序架构分析

本章主要介绍小程序的相关概念及技术性原理，探索小程序的底层实现。

9.1 小程序开发框架

为了帮助开发者更加简单高效地开发微信小程序，并让小程序拥有接近于原生 APP 的体验，微信推出了小程序开发框架 MINA。框架核心主要包括视图层、逻辑层、双向数据绑定以及事件系统，并在此基础上提供了一套基础组件和丰富的 API。

视图层提供了 WXML（WeiXin Markup Language）和 WXSS（WeiXin Style Sheet）描述语言，并由组件来进行展示。它的核心作用是把逻辑层的数据显示成视图，同时将视图层接收到的事件传递给逻辑层。

逻辑层主要负责将数据进行处理后发送给视图层，同时接收视图层的事件反馈。开发者的主要业务逻辑代码一般写在这一层中。

小程序框架的核心是一个响应的数据绑定系统，可以实现视图层和逻辑层的数据同步，即数据双向绑定：逻辑层的数据变化之后，视图层的数据也会相应地更新。

视图层和逻辑层的通信在框架的事件系统中完成，绑定在视图层的事件在接收到用户的操作反馈后，会传递到逻辑层并执行相应的事件处理逻辑。

我们可以通过一个比较形象的架构图来描述小程序开发框架，如图 9-1 所示。

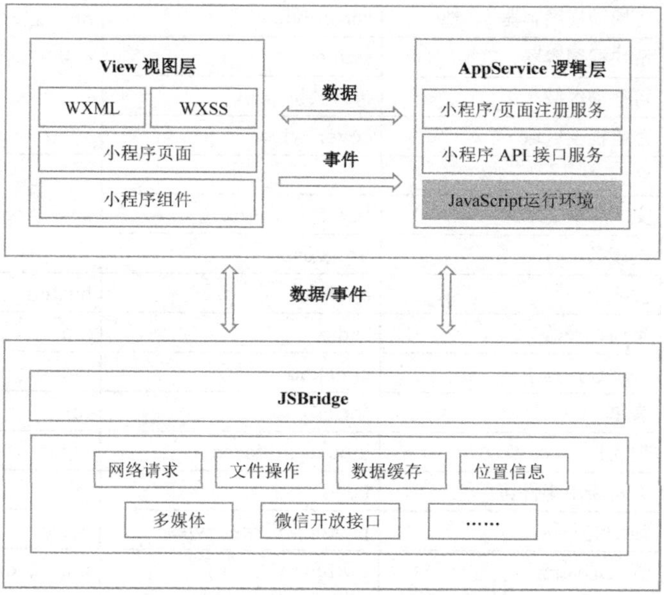

图 9-1　小程序开发框架整体架构

9.1.1　基础组件

区别于传统的 Web 网页开发中所使用的标签组件，小程序视图层可以使用的标签由小程序框架定义，而且带着很强的微信风格样式。为了让大家有一个直观的认识，表 9-1 列出了小程序标签和传统 Web 标签的对应关系，大部分小程序组件都会直接编译成相对应的一个或多个 Web 标签，不过，也有一些由微信客户端创建的原生组件，例如媒体组件 camera、地图组件 map，传统的 Web 组件与它们在性能上是无法相媲美的。

小程序开发者，按照小程序开发框架定义的组件实现一套样式和布局，就可以在多个平台上实现相同的展示效果。前端开发者应该很清楚，考虑到浏览器内核的历史性和多样性，同一套 CSS 代码在不同的平台上会带来一定程度的兼容性和性能问题。而由于微信小程序运行在固定的微信客户端平台上，因此它可以着力于完善基于固定平台的最优 CSS 样式和布局。我们采用基础组件开发，自然地继承了相应 CSS 的最优性能以及统一的布局。

表 9-1　　　　　　小程序与 Web 标签的对应关系

大类	小类	WXML	HTML
视图容器	普通视图容器	view	div、ul、li article、section ……
	可滚动视图容器	scroll-view	
	滑块视图容器	swiper	
	可移动区域	movable-view	
	覆盖视图区域	cover-view	
基础内容	图标	icon	span、em、p、i、div
	文本 / 富文本	text，rich-text	
	进度条	progress	
表单	按钮	button	button
	单项选择器	radio	input[type=redio]
	多项选择器	checkbox	input[type=checkbox]
	表单	form	form
	输入框	input、textarea	input
	改进表单组件可用性	label	label
	滚动选择器	picker，picker-view	select
	开关选择器	switch	input、div
	滑动选择器	slider	div
导航	页面链接	navigator	a
多媒体	图片	image	image
	视频	video	video
	系统相机	camera	–
地图	地图	map	map
画布	画布	canvas	canvas

9.1.2　运行环境差异

在图 9-1 中，有一个 JavaScript 运行环境，它是逻辑层代码的执行依赖。就目前来看，小程序主要运行在 iOS、Android 和微信开发者工具 3 个平台。在这 3 个平台中，脚本的执行环境和视图层的渲染环境略有差异，主要区别如下。

- iOS。小程序的 JavaScript 代码运行在 JavaScriptCore 中，视图层由 WKWebView 渲染。
- Android。小程序的 JavaScript 代码通过 X5 JSCore 解析（X5 是腾讯的浏览

器内核），视图层由 Mobile Chrome 内核渲染。

- 微信开发者工具。小程序的 JavaScript 代码运行在 nwjs 中（前面曾提到微信开发者工具由 NW.js 开发），视图层由 Chrome WebView 渲染。

总体来说，上述 3 个运行环境差异极小，但这些极小差异的存在也会导致小程序的运行不同，例如三端（iOS、Android 和微信开发者工具）对 ES6 的语法支持不一致、WXSS 渲染表现不一致、某些 API 在开发者工具中的实现与客户端不一致等。所以建议读者在开发者工具中完成开发之后，需要在 iOS 和 Android 真机中分别检查小程序的真实表现，以确保无兼容性问题。

9.1.3 与浏览器环境差异

由 9.1.2 节可知，页面脚本逻辑在三端中运行，因为 JavaScriptCore 是一个没有窗口对象的环境，所以不能在页面脚本中使用 window 对象，也无法在脚本中操作组件，因此，Zepto/JQuery 这类会使用到 window 对象和 document 对象的类库将无法使用。

9.2 页面生命周期

做过 Android 开发的读者应该知道，Android 应用程序的基本功能单元是 Activity。它是一个用户接口程序，能提供交互式的接口功能。开发者可以通过 setContentView（View）接口把 UI 放到 Activity 中，向用户呈现 UI 界面。一个 Android 应用程序可以存在多个 Activity 通过栈来管理，它们之间有独立的生命周期。

页面是小程序中的最小单元，与 Android 应用程序中的 Activity 类似。每个页面有独立的生命周期，由框架底层自动管理页面栈。

使用 APP( ) 函数注册小程序，通过 Object 参数传递生命周期函数，包括以下内容。

- onLaunch：小程序初始化完成时执行，全局只触发一次。
- onShow：小程序启动或从后台进入前台显示时触发。
- onHide：小程序从前台进入后台时触发。
- onError：小程序发生脚本错误或 API 调用失败时触发。

以上函数均为 Function 函数类型，除此之外，还可以传递其他任何函数和数据到 Object 参数中，通过 this 访问。APP( ) 必须在 app.js 中注册，且不能注册多个。另外，通过 getAPP() 获取实例之后，不可私自调用生命周期函数。

使用 Page() 函数注册页面时，同样接收一个 Object 参数来指定页面的生命周期和需要初始化的数据。页面的生命周期函数主要包括 onLoad、onReady、onShow、onHide、onUnload 和 onError 等。

- onLoad：页面加载时触发，一个页面只会调用一次。
- onReady：页面初次渲染完成时触发，一个页面只会调用一次，代表页面已经准备妥当，可以与视图层进行交互。
- onShow：小程序启动或从后台进入前台显示时触发，每次打开页面时都会调用。
- onHide：小程序从前台进入后台时触发，navigateTo 或底部 tab 切换时调用。
- onUnload：页面卸载时触发，redirectTo 或 navigateBack 时调用。
- onError：小程序发生脚本错误或 API 调用失败时触发。

同样，以上函数均为 Function 函数类型，除此之外，还可以传递其他任何函数和数据到 Object 参数中，通过 this 访问。

下面通过一段代码来理解小程序页面生命周期的不同阶段。在示例项目的 index 页中编写如代码清单 9-1 所示的内容。

代码清单 9-1

```
 //index.js
//获取应用实例
var app = getAPP()
Page({
  onLoad: function () {
    console.log('Index.onLoad: 页面加载')
    var that = this
    //调用应用实例的方法获取全局数据
    app.getUserInfo(function(userInfo){
      //更新数据
      that.setData({
        userInfo:userInfo
      })
    })
  },
  onReady: function(){
    console.log('Index.onReady: 页面初次渲染完成');
```

```
    },
    onShow: function(){
      console.log('Index.onShow: 页面前台显示');
    },
    onHide: function(){
      console.log('Index.onUnload: 页面后台隐藏');
    },
    onUnload: function(){
      console.log('Index.onUnload: 页面卸载');
    },
    data: {
      motto: 'Hello World',
      userInfo: {}
    },
    //事件处理函数
    bindViewTap: function() {
      wx.navigateTo({
        url: '../logs/logs'
      })
    },
})
```

在 index 页的主要生命周期函数入口打印日志，并在程序根目录的小程序入口 app.js 中新增 onLaunch 函数和日志。启动小程序，进入小程序的生命周期函数，初始化完成后会执行 onLaunch 函数（全局只执行一次）并显示，经历“onLaunch”→“onShow”。然后进入 index 页并执行 index 页的生命周期函数，经历“onLoad”→“onShow”→“onReady”。单击进入日志页面，再返回 index 页，即“onHide”→“onShow”。运行之后，切换到“Console”中查看日志，如图 9-2 所示。

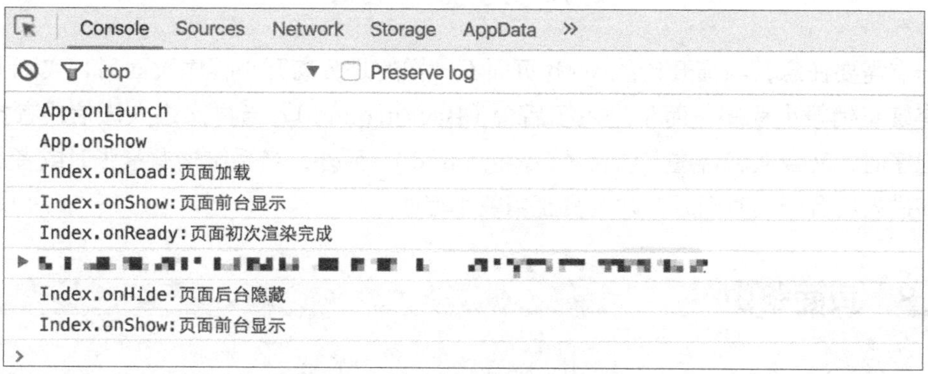

图 9-2 小程序生命周期

读者要想更好地理解小程序页面的生命周期，可以参考图 9-3 所示的小程序页面生命周期通过各阶段的状态转换来加深印象。

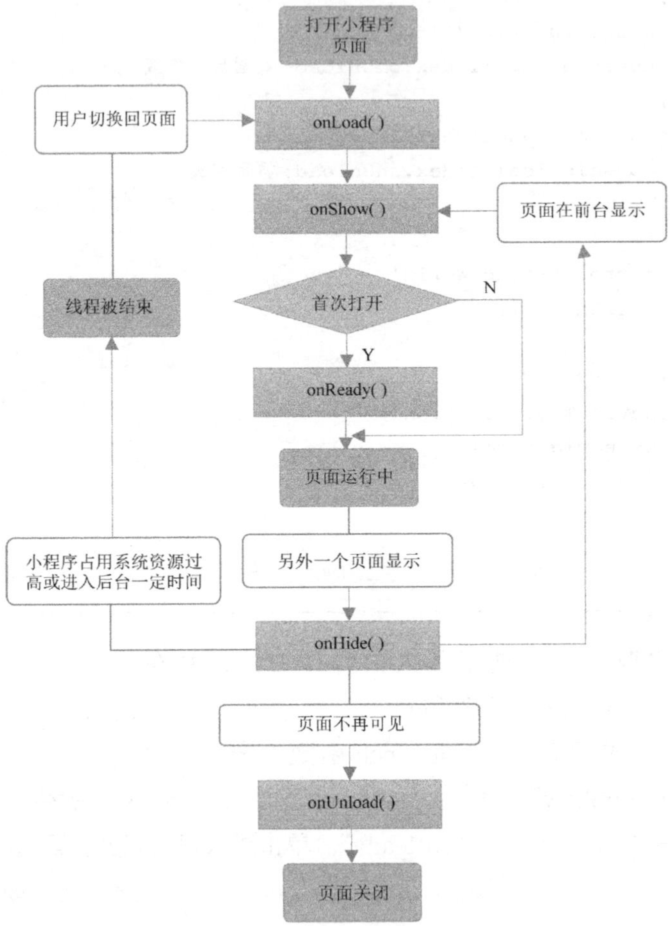

图 9-3 小程序页面生命周期

有一点需要注意，与离开传统 Web 页面不一样的是，离开小程序页面时，实际上并没有真正销毁小程序，而是进入了后台（Background），当再次进入微信或者打开小程序时，又会从后台进入前台（Foreground）。另外，当系统资源紧张时或者是小程序进入后台一定时间后，才会真正销毁小程序。

9.3 页面路由

栈（Stack）是一种后进先出的数据结构，犹如堆盘子，第一个放下的盘子在最底部，最后一个放下的盘子在最顶部，我们从顶部把盘子一个一个取走，盘子被拿走的顺序与盘子被放入时的顺序刚好是相反的，即后面放下的盘子先被取走。取走盘子的过程就犹如单击小程序左上角的返回按钮，逐步返回上一个页面。

小程序底层使用的数据结构原理也与栈一样。小程序框架以栈的形式维护了当前所有页面，再配合一定的路由规则，就形成了小程序中的页面导航规则。

接下来看一看在哪些情况下会触发页面跳转。页面跳转主要有以下几种方式。

- 页面初始化：小程序刚启动时，初始化的第一个页面。
- 打开新页面：调用 wx.navigateTo 或者使用 <navigator /> 组件。
- 页面重定向：调用 wx.redirectTo 或者使用 <navigator /> 组件。
- 页面返回：调用 wx.navigateBack 或者单击左上角返回按钮。
- Tab 切换：调用 wx.switchTab。
- 重新加载：调用 wx.reLaunch。

页面栈

刚才提到，小程序底层以栈的形式存储了各页面的逻辑顺序，在程序中可通过 getCurrentPages 方法获取页面栈，里面存储了当前所有可用页面的对象，第一个元素为首页，最后一个元素为当前页面。如图 9-4 所示，通过打印日志可知当前页面栈中有两个页面，其中第二个页面（数组下标索引值为 1）就是当前页面。

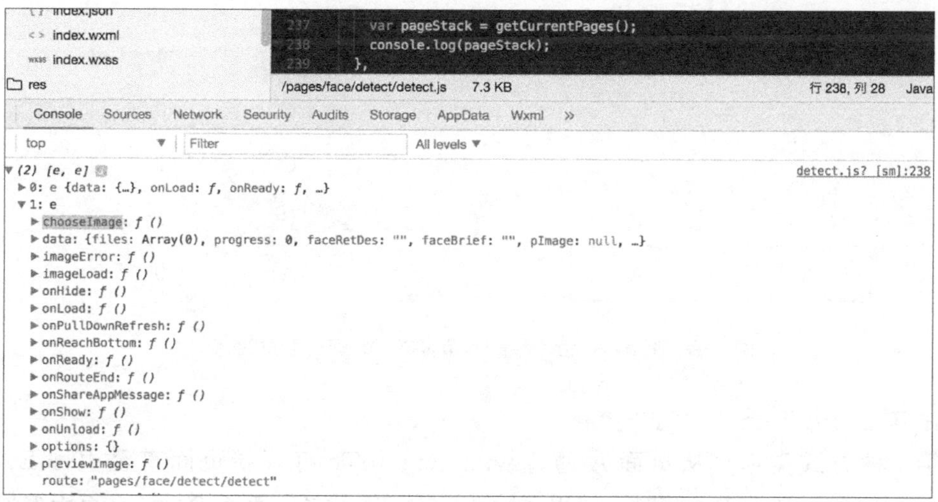

图 9-4　打印页面栈

下面结合小程序的几种主要页面跳转方式来讲解页面栈的原理。

1. 使用 wx.navigateTo 打开页面

从首页 A 开始，进入页面 B，然后在页面 B 中进入页面 C，继续以这种方式一直进入到页面 E，即 A → B → C → D → E，此时的页面栈结构如图 9-5 所示。

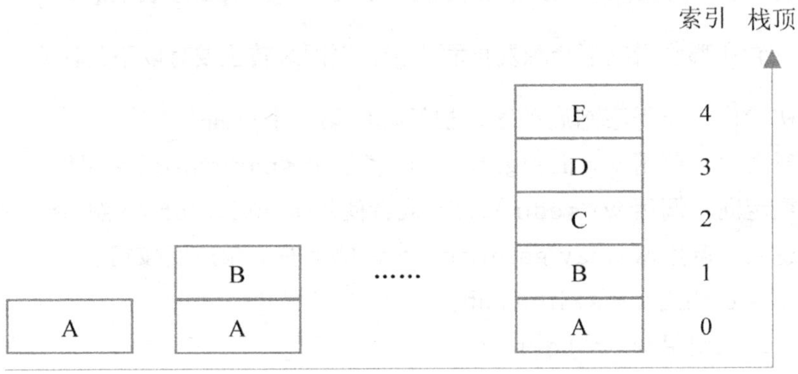

图 9-5　使用 wx.navigateTo 顺序打开页面时页面栈的变化

2. 使用 wx.navigateTo 重复打开页面

与第 1 种方式类似，但是在打开 D 页面之后，再次打开 B 页面，页面 B 会再次入栈。此时页面栈中存在两个 B 页面对象，这两个页面状态互相独立，它们都具有生命周期，如图 9-6 所示。

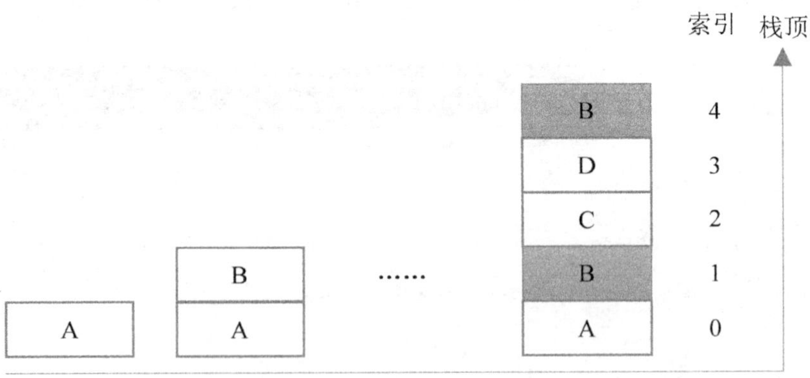

图 9-6　使用 wx.navigateTo 重复打开页面时页面栈的变化

3. 使用 wx.redirectTo 重定向页面

与第 1 种方式类似，从页面 A 通过 wx.navigateTo 打开新页面直至页面 E，即 A → B → C → D → E，此时，调用 wx.redirectTo 跳转至页面 B，那么页面 E 会被关闭，即出栈，相当于用页面 B 替代了页面 E。此时，页面栈中有两个页面 B，而且这两个页面状态互相独立，分别有着自己的生命周期，如图 9-7 所示。

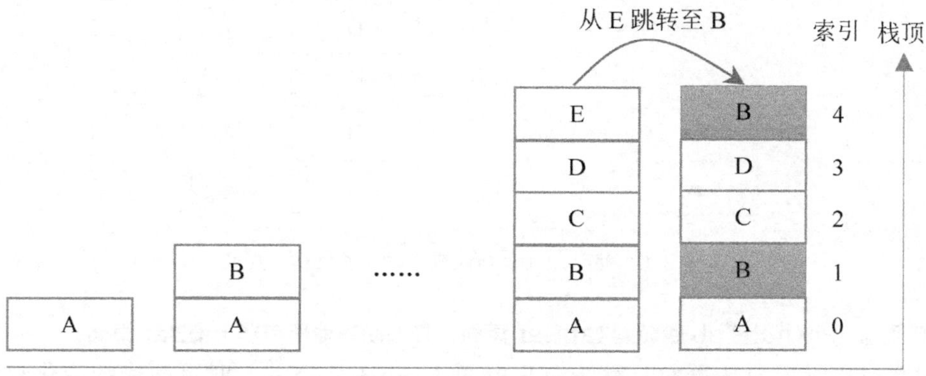

图 9-7　使用 wx.redirectTo 重定向页面时页面栈的变化

4. 使用 wx.navigateBack 关闭当前页面，返回上一页面或多级页面

可以指定 delta 参数，代表返回的页面数，假如 delta 大于现有页面数，则返回到首页。如图 9-8 所示，指定 delta 的值为 2，代表关闭两个页面，页面栈大小减 2，回到页面 C。当不确定页面栈的深度时，可以调用 getCurrentPages 方法来获取当前页面栈信息，以决定 delta 的值。

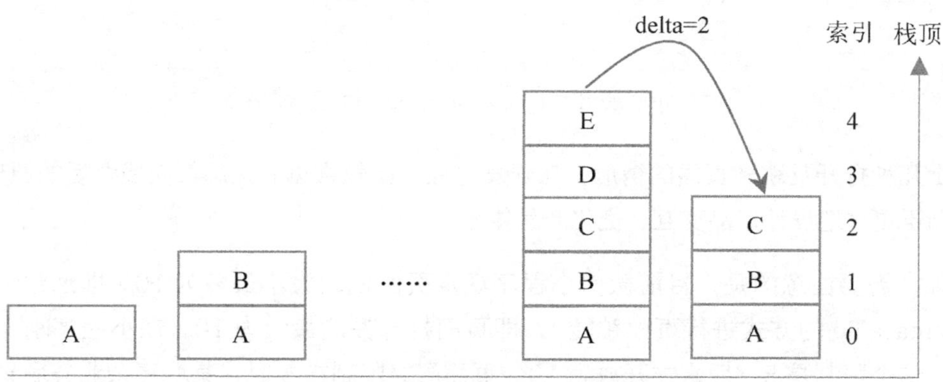

图 9-8　使用 wx.navigateBack 返回页面时页面栈的变化

5. 使用 wx.reLaunch 关闭所有页面，打开到应用内的某个页面

这种方式会清空页面中的所有页面，然后把 wx.reLaunch 指定的页面入栈，如图 9-9 所示。

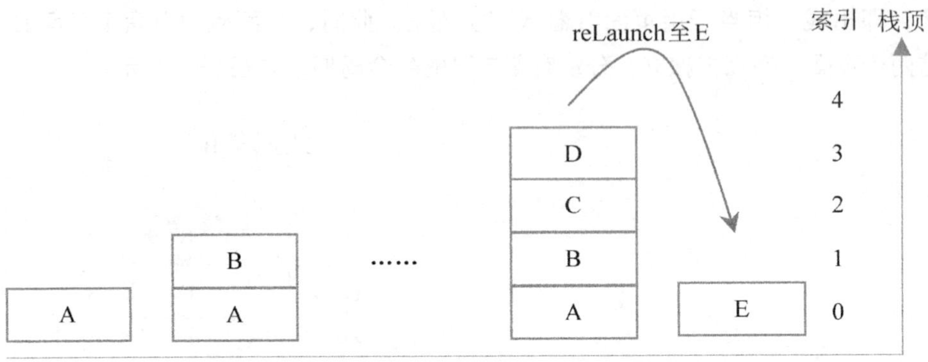

图 9-9　使用 reLaunch 跳转页面时页面栈的变化

6. 使用 wx.switchTab 跳转到 tabBar 页面，并关闭其他所有非 tabBar 页面

如图 9-10 所示为从页面 D 跳转至 E 页面（tabBar 类型）时页面栈的变化过程。

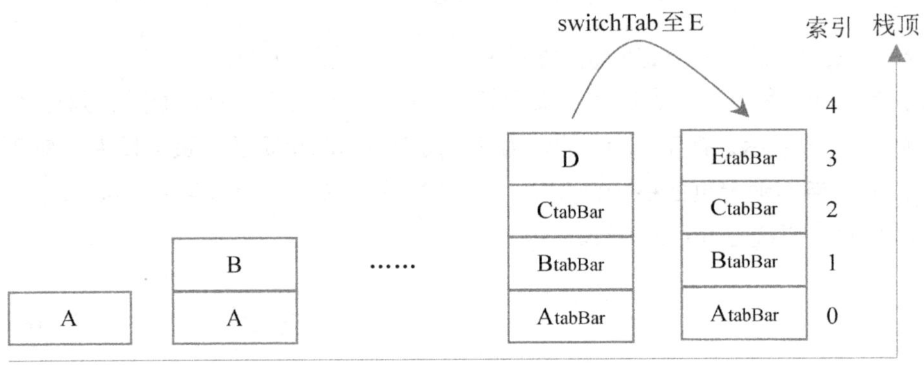

图 9-10　使用 switchTab 跳转页面时页面栈的变化

以上几种打开及跳转页面的情形，在开发过程中比较常见。熟悉页面栈背后的原理，有助于更好地设计产品交互、优化产品体验。

另外，需要注意的是，目前微信小程序规定页面栈的大小最多为 10（即通过 wx.navigateTo 的方式进行页面跳转），即页面打开深度最大为 10。在小程序刚上线时，这个限制是 5，后来才开放到 10。页面层级限制在 5 时，某些复杂业务场景可能无法满足，例如从选购商品至付款成功的整个产品路径。但是，小程序并不适合过于复杂的场景，用户进入过深的页面层级，容易使其在小程序中“迷路”，所以建议产品和开发人员合理利用页面的跳转关系，善用上述的 4 种页面跳转方式，以达到简化产品流向方式、高效服务用户、为用户提供更加清晰好用的产品的目的。

> **注意**
>
> 小程序一共有5个导航API，分别是wx.navigateTo、wx.redirectTo、wx.switchTab、wx.navigateBack和wx.reLaunch，它们的使用场景以及对页面栈的影响刚刚已经描述得很清楚了。不过需要注意的一点是，对于tabBar页面（在app.json中的tabBar字段定义的页面），只能使用switchTab和reLaunch方法进行跳转，而且使用reLaunch方法进行跳转时，不能在URL中携带参数。

9.4 兼容性

小程序的部分功能依赖于基础库，而基础库依赖于微信客户端提供的底层支撑。每个微信客户端都携带了某个版本的基础库，而且高版本的基础库无法在低版本的微信客户端中运行，因为低版本的微信客户端未提供相应的底层支持。

由于微信客户端与基础库的这种关系，因此在使用高版本基础库的方法时，需要判断客户端是否支持，这个过程就叫作兼容性处理。

可以通过以下两类方法来进行兼容性处理。

- 通过 wx.getSystemInfo 或 wx.getSystemInfoSync 获取小程序的基础库版本号，然后根据每个 API 或组件对应的基础库版本号来判断是否可以使用相应的 API 或组件。
- 通过 wx.canIUse 方法来判断某个 API 或组件在当前基础库版本中是否得到支持。此方法从基础库 1.1.1 版本开始支持。

例如，我们可以通过以下代码来判断当前基础库是否支持 getUserInfo 类型的 button。

```
wx.canIUse('button.open-type.getUserInfo')
```

基础库的版本兼容，类似于制作 APP 客户端时服务端接口的兼容。当升级客户端功能时，难免要修改客户端的某个已有功能的逻辑，此时也可能需要进行服务端接口的升级。对于服务端接口需要考虑到低版本的客户端的兼容性问题，因为低版本客户端的逻辑未更新，请求服务端接口时所带的参数以及接收数据之后的处理逻辑都是旧的，可能会出现错误。因此，服务端需要对不同版本客户端的请求和响应进行适当处理，以确保不同版本的客户端均能正常请求及响应。同样，修复服务端接口问题时，也需要考虑兼容性问题。

9.5 小结

本章主要介绍了小程序开发框架，以及小程序的页面生命周期、页面路由、页面栈、基础库的兼容性等几个关键性问题。这些基础性知识有助于读者更好地理解小程序开发的底层原理，为接下来的小程序开发打下必要的理论基础。

第四部分

第 10 章 案例：第一个 echo server 程序

在第 3 章中已经介绍了接入开发者模式的步骤及细节，为了帮助读者更好地理解接入的原理，接入代码未借助任何 PHP 框架以及微信第三方类库。不过，在实际的项目开发中，通常会自己封装一套代码，或借助第三方类库来实现接入以及后续的消息响应。本章将在第 3 章的基础之上，讲解在 CI 框架中使用第三方类库接入公众号开发者模式的整个过程，以及接入开发者模式之后对微信服务器事件推送的响应，实现一个真正意义上的 echo server 程序。

10.1 接入开发者模式

公众号的高级模式有编辑者模式和开发者模式两种。在编辑者模式中，可以通过简单的后台设置操作，来定义自动回复、服务号和公众号底部自定义菜单等功能。在开发者模式中，开发者可以通过公众平台提供的接口，实现自动回复、获取订阅者、自定义菜单等功能。简单地说，在编辑者模式下，公众号的所有操作均可在后台完成，适用于没有开发能力的运营者。但是要实现比较复杂的逻辑并对用户提供更多样化的服务，可以在开发者模式下，使用公众平台提供的接口来实现公众号后台的大部分功能。接下来讨论开发者模式的接入。

由第 3 章可知，接入开发者模式，需要在公众号后台填写回调地址以及 Token 等信息。登录公众号后台，依次进入“开发”→“基本配置”→“服务器配置”，填写相应信息。在提交配置信息之前，开发者需要把回调地址对应的站点部署好，才能通过微信服务器的验证。

下面讲解如何编写接入开发者模式的代码。在示例工程中，打开微信配置文件 wechat/config/production/wechat.php，在 $config['wechat'] 配置中，填写好 Token、AppID 和 AppSecret 信息（假如开启了消息加解，则需要填写 EncodingAESSKey），就可以开始准备编写接入代码了。这里使用了一个封装好的微信开发类库，包括接入签名验证、消息响应、菜单推送以及获取 access_token 等功能，类库文件位于 third_party/wechat/wechat.class.php。

在 wechat/controllers 目录下，新建一个响应微信事件的控制器文件 Wx_Api.php，并在 index 方法中编写接入代码。

```
// 实例化 wechat 对象
$this->load->library('wechat');
// 验证回调合法性
$this->wechat->valid();
```

valid 方法的主要流程是，检测请求 URL 中是否有 echostr 参数，假如有，说明这是微信服务器的接入验证请求，检查签名通过后，把 echostr 的值原样返回，则接入成功，否则接入失败。启用并设置服务器配置后，用户发给公众号的消息以及开发者需要的事件推送，将被微信转发到开发者填写的 URL 中。在接入的过程中，可能会出现接入失败的情况，这时，需要通过在服务端打印日志来定位问题。

注意，接入开发者模式后，不能通过公众号后台来完成自定义菜单的配置，此时需要通过公众平台提供的接口来完成菜单配置。

10.2 消息响应

接入开发者模式后，当微信用户向公众号发送消息时，微信服务器会把 POST 消息的 xml 数据包发送到开发者填写的 URL 中。

微信服务器推送的消息包括图片消息（image）、语音消息（voice）、视频消息（video）、地理位置消息（location）和链接消息（link）。推送的事件包括关注 / 取消关注事件（subscribe/unsubscribe）、扫描带参数二维码事件（scan）、上报地理位置事件（location）和单击自定义菜单事件（click）。

下面是发送一段文本给公众号后，微信服务器 POST 到开发者服务器的数据。

```
<xml>
    <ToUserName><![CDATA[gh_bcdecb768b0c]]></ToUserName>
    <FromUserName><![CDATA[oJ3afuBiuYESFeS-QY2WWNqr2DA8]]></FromUserName>
    <CreateTime>1481131980</CreateTime>
    <MsgType><![CDATA[text]]></MsgType>
    <Content><![CDATA[Hellojammy]]></Content>
    <MsgId>6361413415598834705</MsgId>
</xml>
```

xml 中包含了发送者的 OpenID、消息类型以及消息内容。每一类消息的结构会有所差异，完整消息的 xml 结构可参考公众号开发文档。

类库已经对微信服务器的 POST 数据和方法进行了统一封装，因此只需要关注消息和事件的响应逻辑。完整的 Wx_Api.php 代码如代码清单 10-1 所示。

代码清单 10-1

```
<?php
    defined('BASEPATH') OR exit('No direct script access allowed');

    /**
     *
     * create at 16/09/07
     * @author hellojammy
     * @version 1.0
     *
     */
    class Wx_Api extends CI_Controller {
        // 微信各事件的回调
        private $wx_callback_hooks = [];
        public function index() {
            // 实例化 wechat 对象
$this->load->library('wechat');
            // 验证回调合法性
            $this->wechat->valid();
            // 设置各事件的回调
            $this->wx_callback_hooks = [
```

```
            WechatApi::MSGTYPE_TEXT => array($this, 'responseTxt'),
            WechatApi::MSGTYPE_LOCATION => array($this, 'responseLocation'),
            WechatApi::MSGTYPE_IMAGE => array($this, 'responseImage'),
            WechatApi::MSGTYPE_VOICE => array($this, 'responseVoice'),
            WechatApi::EVENT_SUBSCRIBE => array($this, 'responseSubscribe'),
            WechatApi::EVENT_UNSUBSCRIBE => array($this, 'responseUnSubscribe'),
            WechatApi::EVENT_SCAN => array($this, 'responseScan'),
            WechatApi::EVENT_MENU_CLICK => array($this, 'responseClick'),
            WechatApi::EVENT_LOCATION => array($this, 'responseEventLocation'),
            WechatApi::EVENT_MENU_VIEW => array($this, 'responseView')
        ];

        $type = $this->wechat->getRev()->getRevType();
        $event = $this->wechat->getRevEvent();
        if ($type == 'event' && isset($event['event'])) {
            $type = $event['event'];
        }

        //检验回调函数是否存在
        if (
                !isset($this->wx_callback_hooks[$type]) || !is_
callable($this->wx_callback_hooks[$type])) {
            log_message('debug','call undefined function, type:' . $type);
            return;
        }
        //调用响应函数
        call_user_func($this->wx_callback_hooks[$type]);
    }

    /**
     * 文本消息的响应
     */
    function responseTxt() {
        $text = $this->wechat->getRevContent();
        $this->wechat->text("您刚刚说:\n\n" . $text)->reply();
    }

    /**
     * 上传地理位置的响应
     */
    function responseLocation() {
        $postObj = $this->wechat->getRevGeo();
          $this->wechat->text("您的坐标是: {$postObj['x']} , {$postObj['y']}")-
```

```
>reply();
            }

            /**
             * 上传图片的响应
             */
            function responseImage() {
                $postObj = $this->wechat->getRevPic();
                $this->wechat->text("<a href='" . $postObj['picurl'] . "'
target='_blank'>点击查看图片 </a>")->reply();
            }

            /**
             * 语言消息的响应
             */
            function responseVoice() {
                $postObj = $this->wechat->getRevData();
                $txt = $postObj['Recognition'];
                if (!$txt) {
                    $txt = '万万没想到，语音识别失败了！ ';
                }
                $this->wechat->text($txt)->reply();
            }

            /**
             * 用户关注事件响应
             */
            function responseSubscribe() {
                log_message('debug', "用户关注 ,openid:{$this->wechat->getRevFrom()}");
                // 是否是通过扫描推广二维码过来的
                $scene_info = $this->wechat->getRevSceneId();
                if($scene_info){
                    log_message('debug','subscribe_scan_' . $scene_info);

                }else{
                    $welcome = "嘿 ~ 欢迎您关注 ^_^\n\n";
                    $welcome .= "您的 openid 是 :{$this->wechat->getRevFrom()}";
                    $this->wechat->text($welcome)->reply();
                }
            }

            /**
             * 用户取消关注的事件响应
```

```
         */
        function responseUnSubscribe() {
             log_message('debug', "用户取消关注,openid:{$this->wechat->getRevFrom()}");
            $this->wechat->text("亲爱的，不要离开我  :(")->reply();
        }

        /**
         * 用户扫描带参数二维码的事件响应
         */
        function responseScan() {
            $scene_info = $this->wechat->getRevSceneId();
            if($scene_info){
                log_message('debug','qrcode_scan_' . $scene_info);
            }
        }

        /**
         * 用户单击菜单后的响应
         */
        function responseClick() {
            $postObj = $this->wechat->getRevEvent();
            switch ($postObj['key']) {
                case 'CLICK_A':
                    $this->wechat->text("我们的工程师正在玩命开发中，敬请期待！")->reply();
                    break;
                default:
                    break;
            }
        }

        /**
         * 上报地理位置的事件响应
         */
        function responseEventLocation() {
            $postObj = $this->wechat->getRevEventGeo();
                log_message('debug', "用户上报地理位置:{$postObj['x']} ,{$postObj['y']}");
              $this->wechat->text("用户上报地理位置: {$postObj['x']} ,{$postObj['y']}")->reply();
        }
```

```
            /**
             * 单击菜单跳转链接时的事件响应
             */
            function responseView() {
                log_message('debug','view:' . $this->wechat->getRevSceneId() .
',openid:' . $this->wechat->getRevFrom());
        }
    }
```

回调接口的入口为 index 方法，首先加载 wechat 类库，设置各消息类型和事件类型的处理方法，然后根据微信 POST 过来的数据，获取消息类型，再利用 call_user_func 函数调用相应的方法。这样做的好处是，可以把各消息和事件的响应逻辑清晰分离，不至于把代码混在一起。

发布代码后，就可以看到实际的运行效果。图 10-1 所示是用户关注公众号后的消息推送，这时输出了关注者的 OpenID 信息，读者可以根据业务实际情况推送欢迎语。图 10-2 所示是发送图片后的消息响应，这里回复了一个链接，用户单击之后可以直接查看图片。图 10-3 所示是文本消息的响应，这里只是把用户发送的文本原样返回，在实际项目中可以设置关键字匹配的自动回复。图 10-4 所示是语音消息的响应，这里返回了语音转文字后的结果。

图 10-1　关注公众号后的消息推送

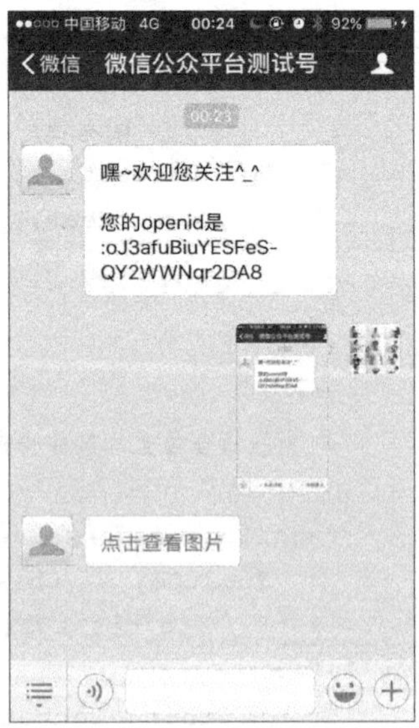

图 10-2　发送图片后的消息响应

图 10-3 文本消息的响应

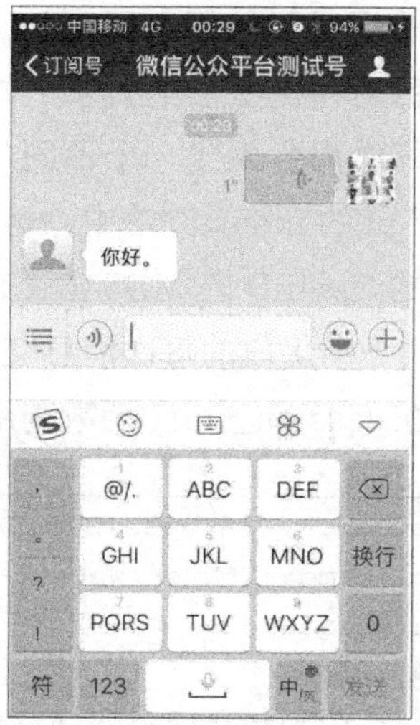

图 10-4 语音消息的响应

至此，一个完整的 echo 程序开发完毕，它可以响应用户在公众号会话内的交互。结合业务逻辑，还可以做一些比较有意思的事情。例如，用户可以在公众号会话里上传地理位置，后台可以获取用户的坐标，有了坐标之后，就可以进行基于地理位置的消息推送，比如附近的餐馆、附近的公交站点等。再如，用户可以直接给公众号发送语音，后台获取语音转换的文字后，对文字进行关键字匹配，然后就可以实现一些关键字回复。

关于公众号的文本回复，有一些小技巧。比如推送给用户的文本用双引号括起来后，可以使用 HTML 中的 <a> 标签，这样就可以实现链接的友好显示，而不是直接显示一个 URL 地址，如下所示。

```
    $response_txt = "<a href=' " . $this->config->item('app_path') . " '>立即
使用 </a>";
    $this->wechat->text($response_txt)->reply();
```

再者，微信对回复给用户的文本长度有限制，建议不超过 2 048 个字节，超过这个长度后，消息会推送失败，用户会看到“该公众号暂时无法提供服务，请稍后再试”的提示。

公众号 session 会话保持

微信服务器回调开发者设置的 URL 地址时，与普通的浏览器 POST 请求有所区别。

用户的消息是通过微信服务器直接 POST 过来的，请求不带 Cookie 信息，开发者服务器无法像对待浏览器的请求一样去设置和读取用户的 session 会话信息，因为 POST 数据每次都会生成一个不同的 session_id。因此，需要指定请求的 session_id。在 Wx_Api 的 index 方法中，可以在调用响应函数之前手动设置 session_id。这里使用用户的 OpenID 的 MD5 值（对 OpenID 进行简单的加密处理）作为 session_id，能保证同一个用户的每次消息交互都会对应同一个 session 会话。需要特别注意的是，必须在 session_start 函数调用之前设置 session_id 的值。

```
//启用 session，使用 OpenID 的 MD5 值作为 session_id
session_id(md5($this->wechat->getRevFrom()));
session_start();
//调用响应函数
call_user_func($this->wx_callback_hooks[$type]);
```

10.3　自定义菜单

经过认证后的订阅号和服务号，拥有自定义菜单的功能，在编辑者模式下，运营者可以直接在公众号后台通过界面操作的方式配置菜单。开启开发者模式后，自定义菜单需要通过接口调用的方式来进行管理。

按照微信官方的文档说明，需要把自定义菜单的信息通过数组的方式组装好，然后 POST 到微信服务器才能生效。数组的各字段含义如表 10-1 所示。

表 10-1　　自定义菜单数组各字段含义

参数名	简述
button	必传。一级菜单数组，1~3 个
sub_button	二级菜单数组，1~5 个
type	必传。菜单的响应动作类型
name	必传。一级菜单最多 4 个汉字，二级菜单最多 7 个汉字
key	click 类型必传，菜单 key 值，小于 128 个字节
url	view 类型必传，网页链接，小于 1 024 个字节
media_id	media_id 和 view_limited 类型必传，永久素材 id

表中的 type 字段，代表菜单响应动作的类型，是一个极为关键的参数，它决定了用

户单击当前菜单或子菜单后的响应类型。自定义菜单目前支持 10 种响应类型，如表 10-2 所示，这些类型支持的响应动作非常丰富，既提供了微信特有的功能调用（如扫码、微信相册选择器），又提供了系统级别的功能调用（如拍照），为开发者开发多样的自定义菜单提供了可能。

表 10-2　　自定义菜单响应类型

响应类型	简述
click	对应一个自定义 key 值，用户单击后，后台接收到该值，可以根据该值与用户交互，例如发送消息
view	跳转 URL，用户单击后进入 URL 对应的页面
scancode_push	调起微信扫一扫
scancode_waitmsg	调起微信扫一扫，提示“消息接收中”
pic_sysphoto	调起系统相机进行拍照
pic_phpto_or_album	弹出“拍照”和“从手机相册选择”供用户选择
pic_weixin	弹出微信相册发图器，最多一次发送 9 张图片
location_select	弹出地理位置选择器
media_id	推送永久素材给用户，如图片、视频、音频等
view_limited	跳转至图文消息 URL

下面通过程序推送菜单来实现自定义菜单的功能，如代码清单 10-2 所示。

代码清单 10-2

```
/**
 * 自定义菜单信息推送
 */
function postMenu(){
      $data = array (
          'button' => array (
            0 => array (
              'name' => '系统功能',
              'sub_button' => array (
                  0 => array (
                    'type' => 'scancode_waitmsg',
                    'name' => '扫码带提示',
                    'key' => 'rselfmenu_0_0',
```

```
                ),
                1 => array (
                    'type' => 'pic_sysphoto',
                    'name' => '系统拍照发图',
                    'key' => 'rselfmenu_1_0',
                ),
                2=> array (
                    'type' => 'pic_photo_or_album',
                    'name' => '拍照或者相册发图',
                    'key' => 'rselfmenu_1_1',
                ),
                3 => array (
                    'type' => 'location_select',
                    'name' => '发送位置',
                    'key' => 'rselfmenu_2_0'
                ),
            ),
        ),
            1 => array(
                'name' => '功能演示',
                'sub_button' => array (
                    0 => array (
                        'type' => 'view',
                        'name' => '授权获取用户信息',
                        'url' => 'http://wx.hello1010.com/',
                    ),
                    1 => array (
                        'type' => 'view',
                        'name' => '微信支付',
                        'url' => 'http://wx.hello1010.com/wxpay/pay/',
                    ),
                ),
            ),
        ),
    );

    // 实例化 wechat 对象
    $this->load->library('wechat');
    $this->wechat->createMenu($data);
}
```

上述代码代表的菜单实现了扫码、拍照、发图、发送地理位置和页面跳转几个功能，实现效果如图 10-5 和图 10-6 所示。

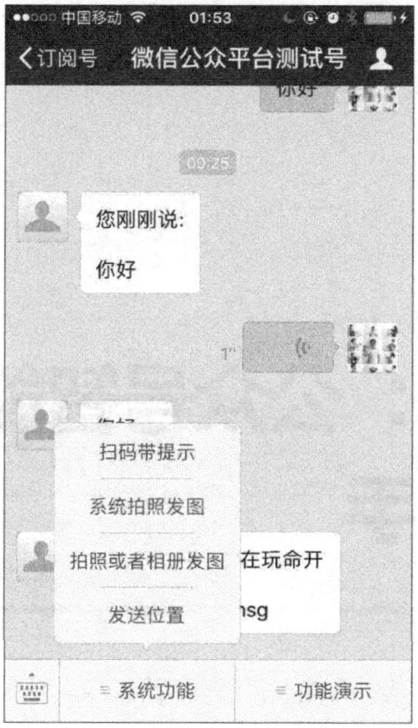

图 10-5 系统功能菜单

图 10-6 功能演示菜单

需要特别说明的是，修改公众号自定义菜单后，用户并不能立刻看到最新的菜单。最早的菜单刷新策略是在 24h 内更新，最新的更新策略显示可以在 5min 内刷新。假如要立刻看到最新的菜单，可以取消关注后再重新关注。

上面介绍的自定义菜单，是针对全体用户而言的，因此，修改之后，所有用户看到的菜单都是一样的。除此之外，公众号还支持个性化菜单，用户群体可以按照用户标签、性别、手机操作系统、地区和语言几个条件来划分，不同用户群体看到的菜单不同。有了这个功能，公众号运营者就可以实现更加灵活的业务运营。关于个性化菜单的细节，这里不展开讨论，具体可参考微信公众号开发文档。

10.4 小结

本章介绍了接入公众号开发者模式的步骤和流程，并实现了一个简单的公众号接口回调框架，这为下一章的案例实现打下了基础。公众号的消息会话，是一个极其重要的入口，它可以在不进行任何网页开发的情况下，接收用户的多种类型消息并与之产生交互，这种消息交互即使在网络环境较差的情况下也能顺利完成。

第 11 章 案例：公众号智能小助手

本章介绍一个基于微信公众号的智能小助手应用，并讲述如何在公众号的消息会话内实现文本信息和图片信息的智能记录，以及借助第三方接口实现聊天机器人。公众账号为 HelloChat。

使用这个公众号并按照一定的格式回复信息，用户能以主题的方式对信息进行归类添加，并在每个信息中附加图片，实现以图文并茂的形式记录信息。当用户回复的信息没有匹配到关键字时，则由聊天机器人自动接管消息。

11.1 需求描述

使用过微博的读者应该都知道，在新浪微博中参加一个话题的讨论，需要使用两个“#”号把话题包括在里面，例如参加“新年展望”这个微博话题的讨论，回复格式可以是以下两种。

```
新的一年希望自己更加帅 # 新年展望 #
# 新年展望 # 新的一年希望自己更加帅
```

回复之后，这段新年寄语就会自动归入“新年展望”话题。交互简单直接，便于理解。

微信随手记应用中的主题添加，也采用这种大家熟悉的交互方式，每个主题下面可以有若干个主题内容。查看主题可使用关键字匹配的方式，约定用户回复的文本信息中以“我要”开头，那么“我要”后面的文字就会被解析为一个主题。另外，由于公众号无法在消息会话中一次回复多张图片给用户，因此对于包含图片的主题信息，会在每个主题后面加一个查看图片的链接入口。

另外，使用用户的 OpenID 作为其唯一标识，就能保证每个用户添加的主题信息是互相独立不可见的。

11.2 数据库设计

由前面的需求描述可知，需要设计两张表，可以分别取名为 talk 和 wx_ing。talk 表用来存储用户的主题信息。表 11-1 是 talk 表各个字段的描述。

表 11-1　　talk 表数据结构

字段名	含义
id	主键，自增
msg_id	消息 id，由微信返回
open_id	用户 open_id
topic	主题
content	主题内容
img_ids	与主题关联的图片 id，多个图片 id 用英文逗号分隔
status	用户状态。0：已删除。1：正常
ctime	创建时间
utime	修改时间

创建表的 SQL 语句如代码清单 11-1 所示。

代码清单 11-1

```
    CREATE TABLE `talk` (
```

```
    `id` int(11) NOT NULL AUTO_INCREMENT,
    `msg_id` bigint(20) NOT NULL,
    `open_id` varchar(28) NOT NULL,
    `topic` varchar(100) DEFAULT NULL,
    `content` varchar(255) DEFAULT NULL,
    `img_ids` varchar(1000) DEFAULT NULL,
    `status` tinyint(4) DEFAULT '1' COMMENT '0: 已删除, 1: 正常 ',
    `ctime` datetime DEFAULT NULL,
    `utime` datetime DEFAULT NULL,
    PRIMARY KEY (`id`)
) ENGINE=MyISAM AUTO_INCREMENT=8 DEFAULT CHARSET=utf8    }
```

另一张表用来存储用户上传的图片信息，叫作 wx_img。表 11-2 是 wx_img 表各个字段的描述。

表 11-2　　wx_img 表数据结构

字段名	含义
id	主键，自增
msg_id	消息 id，由微信返回
open_id	用户 open_id
url	图片地址
status	用户状态。0：已删除。1：正常
ctime	创建时间
utime	修改时间

创建表的 SQL 语句如代码清单 11-2 所示。

代码清单 11-2

```
    CREATE TABLE `wx_img` (
    `id` int(11) NOT NULL AUTO_INCREMENT,
    `msg_id` bigint(20) DEFAULT NULL,
    `open_id` varchar(28) NOT NULL,
    `url` varchar(300) NOT NULL,
    `status` tinyint(4) NOT NULL DEFAULT '1' COMMENT '0: 已删除, 1: 刚刚上传, 2: 已
下载到本地服务器, 3: 下载失败, ',
    `ctime` datetime DEFAULT NULL,
```

```
    `utime` datetime DEFAULT NULL,
    PRIMARY KEY (`id`)
) ENGINE=MyISAM AUTO_INCREMENT=9 DEFAULT CHARSET=utf8
```

注意到，两张表中都含有 open_id 字段。这个字段非常关键，它是用来识别用户身份的，相当于 user_id。

11.3 功能实现

由第 10 章的介绍可知，用户在公众号中回复文本信息所对应的响应函数是 responseTxt，回复图片所对应的响应函数是 responseImage。因此，需要在这两个函数中编写入口响应代码。

11.3.1 主题添加

这里约定主题必须包括在“#”符号内，因此，为了匹配用户的输入，需要定义两个正则表达式，定义在 wechat/config/constants.php 文件中。

```
//随手记的配置
define('ANYNOTE_SUBJECT_A',  '/^(.*)(#.*#)$/');  // ....#...#
```

获取用户的输入信息后，解析主题和内容，然后可以添加到数据库。另外，添加完主题之后，需要把主题消息的 message_id 存储到 session 中，用户下次回复图片时，就能把图片信息加入对应的主题消息中。添加主题的逻辑代码定义在 service/s_anynote_txt.php 文件中，主要代码如代码清单 11-3 所示。

代码清单 11-3

```
//判断是否添加一个主题
preg_match(ANYNOTE_SUBJECT_A, $content, $match);
    $cmd = isset($match[1]) ? $match[1] : '';
    $key = isset($match[2]) ? trim($match[2]) : '';
    if($cmd && $key){
        $key = str_ireplace('#', '', $key);
        $this->load->model('M_talk');
        $save_data = array(
            'msg_id' => $msg_id,
```

```
            'open_id' => $open_id,
            'topic' => $key,
            'content' => $cmd
        );
        $ret = $this->M_talk->save_entry($save_data);
        if($ret > 0){
            $_SESSION['key_anynote_text_msgid'] = $msg_id;
        }
        return ($ret >= 0 ? "/:,@-D 成功添加到 #{$key}#\n" . '回复图片
即可添加到该主题' : "添加到 #{$key}# 失败") ;
    }
```

主题文字添加完成之后，会提示用户直接回复图片即可添加到主题。这里需要找到之前设置在 session 中文本消息的 id，并把新的图片 id 和之前的进行一次合并。代码清单在 service/s_anynote_img.php 文件中，主要实现如代码清单 11-4 所示。

代码清单 11-4

```
    /**
     * 用户上传图片的响应，添加图片到相应的内容
     * @param $url
     * @param $msg_id
     * @param $open_id
     * @return bool|string
     */
    public function img($url, $msg_id, $open_id){
        $this->load->model('M_wx_img');
        $save_data = array(
            'msg_id'   => $msg_id,
            'open_id' => $open_id,
            'url'      => $url
        );
        $ret = $this->M_wx_img->save_entry($save_data);
        if($ret){
            // 从 session 中获取 text_msg_id, 看一看之前是否有主题，假如有，则关联到
            // 对应的主题
            $txt_msg_id = $_SESSION['key_anynote_text_msgid'];
            if($txt_msg_id){
                log_message('debug', '用户之前发表过主题,msg_id:' . $txt_msg_id);
                $this->load->model('M_talk');
```

```
                    $txt_data = $this->M_talk->get_img_ids_by_msgid($txt_msg_id);
                    if($txt_data){
                        $new_msg_ids = (isset($txt_data['img_ids'])?
    ($txt_data['img_ids'] . ',' . $msg_id) : ($msg_id));
                        $update_txt_data = array(
                            'id'      => $txt_data['id'],
                            'img_ids' => $new_msg_ids
                        );
                        $ret = $this->M_talk->save_entry($update_txt_data);
                        return ($ret > 0) ? "/:,@-D成功添加图片到主题" : "/::
(添加图片到主题失败";
                    }else{
                        return "/::(获取原有图片失败";
                    }
                }
            }
            return false;
        }
```

11.3.2 主题查看

假如用户回复的文本消息是以“我要”这两个字开头，系统会认为用户在获取主题信息，则把“我要”后面的文字作为主题，获取该主题下的所有主题回复信息。另外，这里还有一个查看排行榜的功能，能列举出当前用户添加过的所有主题以及主题下含有的主题回复数。主要逻辑如代码清单 11-5 所示。

代码清单 11-5

```
        //判断是否获取一个主题下的内容
        preg_match(ANYNOTE_RANDWORDS, $content, $match);
        $cmd = isset($match[1]) ? $match[1] : '';
        $key = isset($match[2]) ? trim($match[2]) : '';
        if($key && $cmd){
            $key = str_ireplace('#', '', $key);
            if($key == '排行榜'){
                return $this->get_ranking($open_id);
            }
            return $this->get_rand_words($key, $open_id);
        }
```

获取某主题下的内容以及排行榜的代码如代码清单 11-6 所示。

代码清单 11-6

```
/**
 * 获取指定主题下的主题回复
 * @param $topic
 * @param string $open_id
 * @return string
 */
private function get_rand_words($topic, $open_id = ''){
    $rand_count = rand(1, 999);
    $this->load->model('M_talk');
    $rand_data = $this->M_talk->get_rand_words($topic, $rand_count, $open_id);
    $count = count($rand_data);
    if($count == 0){
        $add_topic_tips = "你还没有添加#" . $topic ."#主题\n\n";
        $add_topic_tips .= "添加方式 : 主题文字#主题名称#\n\n";
        $add_topic_tips .= "举个例子 今天下班好早#生活点滴#，则可添加到#生活点
滴#主题中\n\n";
       return $add_topic_tips;
    }
    $text = '';
    $index = 0;
    $this->load->library('wechat/wechatools');
    foreach ($rand_data as $kv) {
        $index++;
        $t = "\n\n[{$index}] " . date("Y.m.d", strtotime($kv["ctime"])) . "
" .  $kv["content"]  . "#{$topic}#\n";
        if($kv['imgIds'] != '1'){
            $preview_img_url = base_url('anynote/preview_images');
            $t.= count(explode(',', $kv['img_ids'])) . "张图 " . '<a href="' .
"{$preview_img_url}/?t_id=" . $kv['id'] .'&open_id=' . $kv['open_id'] .'">点击查看
</a>';

        }
        if(!Wechatools::maxLen($text, $t)){
            $text .= $t;
        }else{
            break;
        }
    }
```

```
        return "#{$topic}#({$index} 个 )\n{$text}";
    }

    /**
     * 获取主题排行榜
     * @param string $open_id
     * @return string
     */
    private function get_ranking($open_id = ''){
        $ranking_data = $this->get_ranking_stat($open_id);
        $count = count($ranking_data);
        if(empty($ranking_data)){
            return ' 抱歉，没有 ';
        }
        $text = " 共 {$count} 个话题 ";
        $index = 0;
        foreach ($ranking_data as $kv) {
            $index++;
            $text .= "\n\n[{$index}]#" . $kv["topic"]  . "# " . $kv["count"] .
" 个 ";
        }
        return $text;
    }

    /**
     * 获取主题统计信息
     * @param $open_id
     * @return mixed
     */
    private function get_ranking_stat($open_id){
        $this->load->model('M_talk');
        return $this->M_talk->get_ranking_stat($open_id);
    }
```

以上代码中涉及与数据库交互的部分都放在 models 目录下，分别是 M_talk.php 和 M_wx_img.php。由于篇幅的关系这里不再进行详细解析，完整的代码可以参考项目代码。

11.3.3 图片下载

通过公众号会话上传的图片被保存在微信服务器中，目前只是在数据库中存储了图片的地址。用户查看的图片是被链接到微信服务器的。但是微信已经设置了图片的防盗链，因此，在自己的域名下请求图片是无法显示的。需要把图片存储到自己的服务器中。

wx_img 表的 status 字段代表了图片的下载状态，可以获取状态值为未下载（值为 1）的图片列表，再使用 curl 请求将图片下载到本地，如代码清单 11-7 所示。

代码清单 11-7

```
    /**
    * 下载图片到指定目录
    */
    public function download_wx_images(){
        try {
            $this->load->model('M_wx_img');
            $r = $this->M_wx_img->get_imgs_by_status(PIC_STATUS_UPLOAD);
            log_message('debug', '有' . count($r) . '张图片需要下载');
            if (count($r) == 0) {
                log_message('debug', '没有需要下载的图片' );
                return;
            }
            $this->load->service('s_anynote_img');
            $base_path = '/var/www/html/static/wechat';
            $suc_pic_id = array();
            $fail_pic_id = array();
            foreach ($r as $kv) {
                $flag = TRUE;
                $topic_base_path_0 = $base_path . DIRECTORY_SEPARATOR .
$kv["open_id"] . DIRECTORY_SEPARATOR . '0';
                if ($this->mkdirs($topic_base_path_0)) {
                    $pic_name = $this->s_anynote_img->format_pic_name($kv);
                    $save_path = $topic_base_path_0 . DIRECTORY_SEPARATOR
. $pic_name;
                    if ($this->download_pic($kv["url"], $save_path) < 0) {
                        $flag = FALSE;
                    }
```

```
                    //下载缩略图
                    $topic_base_path_300 = $base_path . DIRECTORY_SEPARATOR .
$kv["open_id"] . DIRECTORY_SEPARATOR . '300';
                if ($this->mkdirs($topic_base_path_300)) {
                        $thumbnail_path = preg_replace("/\d+$/", "300",
$kv["url"]);
                        $save_path = $topic_base_path_300 . DIRECTORY_SEPARATOR .
$pic_name;
                    if ($this->download_pic($thumbnail_path, $save_path) < 0) {
                            $flag = FALSE;
                        }
                        if ($flag) {
                            $suc_pic_id[] = $kv["id"];
                        }
                    }
                    if (!$flag) {
                        $fail_pic_id[] = $kv["id"];
                    }
                } else {
                    log_message('error', '创建目录失败:' .$topic_base_path_0 );
                }
            }

            $this->load->model('M_wx_img');
            //设置下载成功的图片状态
            if(count($suc_pic_id) > 0){
                $this->M_wx_img->set_image_status($suc_pic_id,
    PIC_STATUS_DOWNLOAD_OK);
            }
            //设置下载失败的图片状态
            if(count($fail_pic_id) > 0){
                $this->M_wx_img->set_image_status($fail_pic_id,
    PIC_STATUS_DOWNLOAD_FAIL);
            }
        } catch (Exception $exc) {
        }
    }

    /**
     * 新建目录
     * @param $dir
     * @param int $mode
```

```
     * @return bool
     */
    function mkdirs($dir, $mode = 0777) {
        if (is_dir($dir) || @mkdir($dir, $mode))
            return TRUE;
        if (!$this->mkdirs(dirname($dir), $mode))
            return FALSE;
        return @mkdir($dir, $mode);
    }

    /**
     * 下载图片
     * @param $src_path
     * @param $dest_path
     * @return int
     */
    private function download_pic($src_path, $dest_path) {
        try {
            if(file_exists($dest_path)){
                return 1;
            }
            $start_time = microtime(true);
            $ch = curl_init();
            curl_setopt($ch, CURLOPT_URL, $src_path);
            curl_setopt($ch, CURLOPT_RETURNTRANSFER, 1);
            $file = curl_exec($ch);
            curl_close($ch);
            if ($file) {
                $file_size = file_put_contents($dest_path, $file);
                $end_time = microtime(true);
                log_message('debug', "path:{$dest_path}. 耗时：" . ($end_time -
$start_time) . '(s)');
                return $file_size > 0 ? 1 : -3;
            } else {
                log_message('error', '获取图片失败：' . $src_path);
                return -1;
            }
        } catch (Exception $exc) {
            log_message('error', '下载图片出错：' . $src_path . ',error:' .
    $exc->__toString());
            return -2;
        }
```

```
    }
```

把图片下载到指定的目录，并将用户的 OpenID 作为目录名，就能按用户存储图片。这里的下载根目录是 /var/www/html/static/wechat。图片的下载是通过 crontab 设置定时任务来完成的，例如设置 1min 执行一次图片的下载，输入 crontab-e 进入定时任务的编辑模式，输入以下命令。

```
*/1 * * * * /usr/bin/wget -q -O /dev/null
"http://wx.hello1010.com/crontable/download_wx_images?code=YOURCODE"
```

下载链接中的 code 参数防止下载链接被外界盗取而恶意执行，约定好 code 值后，可以在构造函数中进行验证。

```
public function __construct(){
      parent::__construct();
      $code = $this->input->get('code');
      if($code != 'YOURCODE'){
          die('error code');
      }
}
```

11.3.4 图片预览

主题中的图片查看入口在每个主题内容后面的链接中。页面链接地址构造在生成回复内容的时候已经完成。页面对应的 Controller 为 Anynote，这里只有一个方法，如代码清单 11-8 所示。

代码清单 11-8

```
      class Anynote extends MY_Controller{
          public function preview_images(){
              $data['head_title'] = '图片预览';
              $t_id = $this->input->get('t_id');
              $open_id = $this->input->get('open_id');
              $this->load->service('s_anynote_img');
               $data['img_data'] = $this->s_anynote_img->get_imgs_by_txtid($t_id,
$open_id);
              $this->render('preview_images', $data);
```

```
        }
    }
```

对应的 View 在 views/anynote/preview_images.php 中，如代码清单 11-9 所示。

代码清单 11-9

```
        <section class="container">
            <?php foreach($img_data as $item): ?>
                <div><a href="http://static.hello1010.com/wechat/<?php echo
$item['open_id'] ?>/0/<?php echo date("Y_m_d_His", strtotime($item["ctime"]))
. "_" . $item["id"] . ".jpg" ?>" target='_blank'><img style='width:100%'
src="http://static.hello1010.com/wechat/<?php echo $item['open_id'] ?>/0/<?php
echo date("Y_m_d_His", strtotime($item["ctime"])) . "_" . $item["id"] . ".jpg"
?>" /></a></div>
            <?php endforeach; ?>
    </section>
```

在这里为图片单独配置了一个域名 static.hello1010.com，所以这里的图片 src 属性值和本项目的域名 wx.hello1010.com 不一样。读者可以根据自己的实际情况来配置。

11.3.5 聊天机器人

聊天机器人是微信随手记的一个补充功能。当用户的回复没有匹配到主题规则时，聊天机器人会自动接管消息进行聊天，为用户提供一种消遣的方式。这里使用的聊天机器人接口是图灵机器人，读者也可以选择其他的机器人接口来实现。聊天机器人的消息响应逻辑如代码清单 11-10 所示。

代码清单 11-10

```
        class S_talkingrobot extends CI_Service{
            public function response($from, $text){
                $this->load->library('myapi');
                $response =
    MyApi::excute("http://www.tuling123.com/openapi/api?key=YOUR_APP_
KEY&userid={$from}
    &info=" . urlencode($text), NULL, 'GET');
```

```
                log_message('debug', 'data:' . json_encode($response) . ',code:' .
$response['code']);
                if(!$response){
                    return array(
                        'ret' => '10',
                        'msg' => '我无法理解你的问题。抱歉...',
                    );
                }

                $this->load->library('wechat/wechatools');
                switch($response['code']){
                    //文本类数据
                    case 100000:
                        $tmp = $response['text'];
                        break;
                    //网址类数据：打开百度
                    case 200000:
                        $tmp = $response['text'] . "\n" . $response['url'];
                        break;
                    //菜谱：红烧肉怎么做
                    case 308000:
                        $tmp = $response['text'] . "\n\n";

                        foreach($response['list'] as $kv){
                            $t = Wechatools::buildHref($kv->name,$kv->detailurl,false);
                            $t .= "(" . $kv->info . ")";
                            $t .= "\n\n";

                            if(!Wechatools::maxLen($tmp, $t)){
                                $tmp .= $t;
                            }else{
                                break;
                            }
                        }
                        break;
                    //列车信息：深圳到成都的火车
                    case 305000:
                        $tmp = $response['text'] . "\n\n";
                        foreach($response['list'] as $kv){
                            $t = $kv->trainnum . "\n";
                            $t .= $kv->start . "(" . $kv->starttime . ")" . "→" .
$kv->terminal . "(" . $kv->endtime . ")";
```

```
                    $t .= "\n\n";
                    if(!Wechatools::maxLen($tmp, $t)){
                        $tmp .= $t;
                    }else{
                        break;
                    }
                }
                break;
            //航班：明天成都飞深圳的飞机
            case 306000:
                $tmp = $response['text'] . "\n\n";
                foreach($response['list'] as $kv){
                     $t = $kv->starttime . " - " . $kv->endtime . "
" . $kv->flight . "\n\n";
                    if(!Wechatools::maxLen($tmp, $t)){
                        $tmp .= $t;
                    }else{
                        break;
                    }
                }
                break;
            //酒店：深圳南山区附近的酒店
            case 309000:
                $tmp = $response['text'] . "\n\n";
                foreach($response['list'] as $kv){
                    $t = $kv->price . "  " . $kv->satisfaction . "  " .
    Wechatools::buildHref($kv->name,$kv->icon) . "\n\n";
                    if(!Wechatools::maxLen($tmp, $t)){
                        $tmp .= $t;
                    }else{
                        break;
                    }
                }
                break;
            //商品价格：惠人榨汁机多少钱
            case 311000:
                $tmp = $response['text'] . "\n\n";
                foreach($response['list'] as $kv){
                    $t = $kv->price . "  " .
    Wechatools::buildHref($kv->name,$kv->detailurl) . "\n\n";
                    if(!Wechatools::maxLen($tmp, $t)){
                        $tmp .= $t;
```

```
                }else{
                    break;
                }
            }
            break;
        //新闻：最新新闻
        case 302000:
            $tmp = $response['text'] . "\n\n";
            foreach($response['list'] as $kv){
                $t = Wechatools::buildHref($kv->article,$kv->icon) . "(" .
$kv->source . ")" . "\n\n";
                if(!Wechatools::maxLen($tmp, $t)){
                    $tmp .= $t;
                }else{
                    break;
                }
            }
            break;

        case 40001:
            $tmp = "key的长度错误（32位）";
            break;
        case 40002:
            $tmp = "请求内容为空";
            break;
        case 40003:
            $tmp = "key错误或账号未激活";
            break;
        case 40004:
            $tmp = "当天请求次数已用完";
            break;
        case 40005:
            $tmp = "暂不支持该功能";
            break;
        case 40006:
            $tmp = "服务器升级中";
            break;
        case 40007:
            $tmp = "服务器数据格式异常";
            break;
        case 50000:
            $tmp = "机器人设定的"学用户说话"或者"默认回答"";
```

```
                break;
            default:
                $tmp = "我无法理解你的问题。抱歉。";
                break;
        }
        return array(
            'ret' => '0',
            'msg' => $tmp,
        );
    }
}
```

请求地址中的 YOUR_APP_KEY 要替换成读者自行申请的 KEY 值。另外要特别注意的是，需要把用户输入的内容进行 urlencode 编码，否则无法识别中文。请求中的 user_id 参数使用 OpenID，这样，聊天机器人就能做到对每个用户都有记忆（也就是聊天的上下文），不至于每个对话都是独立的而导致其答非所问。

11.3.6 入口函数

用户与微信随手记的交互，主要通过在公众号会话内输入文本消息和回复图片来实现，因此，需要在回调函数的文本消息和语音消息中进行代码处理，如代码清单 11-11 所示。

代码清单 11-11

```
/**
 * 文本消息的响应
 */
function responseTxt() {
    //Anynote 的处理逻辑
    $this->load->service('s_anynote_txt');
    $res_msg = $this->s_anynote_txt->topic(
        $this->wechat->getRevContent(),
        $this->wechat->getRevID(),
        $this->wechat->getRevFrom()
    );

    //Anynote 没有处理，则交给机器人处理
    if(!$res_msg){
```

```
                $this->load->service('s_talkingrobot');
                $ret = $this->s_talkingrobot->response($this->wechat->getRevFrom(),
$this->wechat->getRevContent());
                $res_msg = $ret['msg'];
            }
            $this->wechat->text($res_msg)->reply();
        }

        /**
         * 上传图片的响应
         */
        function responseImage() {
            $postObj = $this->wechat->getRevPic();
            $this->load->service('s_anynote_img');
            $res_msg = $this->s_anynote_img->img(
                $postObj['picurl'],
                $this->wechat->getRevID(),
                $this->wechat->getRevFrom()
            );

            if(!$res_msg){
                $this->load->library('wechatools');
                $res_msg = Wechatools::buildHref('点击查看原图', $postObj['picurl']);
            }
            $this->wechat->text($res_msg)->reply();
        }
```

11.4 运行效果

经过上面的代码解析，读者已经对微信随手记的实现原理有了大致的了解，下面来看一看它的运行效果如何。

按照指定的格式回复文字可以添加相应主题，紧接着发送图片，就能够把图片自动添加到相应主题消息中，如图 11-1 所示。

主题下的多个消息会自动编号，假如其中有图片，则可以直接单击链接进入页面查看。另外，还可以查看自己添加的所有主题和排行榜。查看主题内容如图 11-2 所示。

图 11-3 演示了使用机器人预订机票的过程。

图 11-1　添加主题和图片

图 11-2　获取主题和排行榜

图 11-3　使用聊天机器人预订机票

11.5　小结

本章讲解了一个基于公众号消息会话的案例——微信智能小助手，对从需求分析、交互设计到代码实现的各个环节都进行了详细讲解。本案例的实现逻辑，读者可以根据自身需求进行改造，所有代码均已开源。

第12章 案例：小程序人脸识别

通过前面的介绍，读者对微信小程序应该已经有了一个较完整的认识。本章是一个综合案例，实现一个具有人脸识别功能的微信小程序，涉及的知识点包括微信小程序的布局、组件以及 API 的使用。另外，本章还讲解如何安全地与后端服务器进行接口交互。该小程序已发布，读者可自行体验，小程序的二维码可从本书配套文件中获取。

12.1 Face++ API

人工智能在近几年得到了飞速发展，它使计算机拥有分析、感知等能力，可以模拟人类思考并作出反应。人工智能的研究主要包含机器人、语言识别、图像识别、自然语言处理和专家系统等。

人脸识别是人工智能学科中发展较为快速的一个分支，已经在多个领域得到应用，如远程身份验证、刷脸门禁考勤、安防监控、人脸美颜、金融安全、智能硬件以及手机的刷脸解锁和登录等。市面上的主流人脸识别方案提供商主要有百度基于深度学习的人脸识别方案、腾讯 FaceIn 人脸核身方案、科大讯飞身份验证方案、亚马逊

Amazon AI 提供的人脸识别方案以及 Face++ 人工智能人脸识别服务等。本章将以 Face++ 旷视提供的人脸识别接口作为讲解示例。

Face++ 旷视的人工智能开发平台，其核心技术具备的功能主要包含人脸识别、人体识别、文字识别和图像识别 4 大类。本章主要涉及了人脸识别的相关接口。下面介绍 Face++ 人脸识别的 9 大核心功能。

- 人脸检测。检测并定位图片中的人脸，返回高精度的人脸框坐标。人脸检测是对人脸进行分析和处理的第一步。
- 人脸比对。分析两张人脸属于同一个人的可能性大小。使用 Face++ 的人脸比对技术，会得到一个置信度分数和相应的阈值，以便评估相似度。人脸比对技术广泛用于基于人脸的用户认证以及人证合一。
- 人脸搜索。针对一个新的人脸，在一个已有的人脸集合中搜索相似的人脸。
- 人脸关键点。定位并返回人脸五官与轮廓的关键点坐标位置。关键点包括人脸轮廓、眼睛、眉毛、嘴唇以及鼻子。Face++ 提供了高精度的关键点，可以应用于静态图片和动态视频流的人脸贴合识别。
- 人脸属性。基于深度学习算法，可以进行一系列人脸相关的属性分析。可以获取多种人脸属性，包括年龄、性别、微笑程度、头部姿态、眼睛状态、情绪、颜值、视线 、嘴部状态、皮肤状态、人种、人脸图片质量与模糊程度。它能够应用于各类基于人脸照片的分析工作，如媒体效果测量、广告精准投放与市场研究分析领域。
- 情绪识别。分析检测到的人脸的情绪，返回该人脸在各类不同情绪上的置信度分数。某种情绪的置信度分数越高，则可认为此种情绪与人脸真实情绪越接近。目前能够识别愤怒、厌恶、恐惧、高兴、平静、伤心、惊喜共 7 类重要的情绪。情绪是人脸的一项重要属性信息，精准的情绪识别能应用于各类基于人脸表情分析的复杂工作，如广告精准投放、用户的产品满意度分析和在线教育等。
- 颜值评分。计算检测到的人脸的颜值分数，分别返回男性和女性视角下该人脸的颜值分数。颜值分数的高低并不等同于实际的美丑，而是代表了亚洲男性和亚洲女性对该人脸评价的平均水平。
- 视线估计。Face++ 能够对图片中的人眼视线方向进行估计，计算并返回高精度的双眼眼球中心位置坐标以及双眼视线方向向量。在视频中可以实现对人眼视线的实时追踪。

- 肤质评估。评估人脸的皮肤健康状况，并能够识别多种常见面部皮肤问题，例如青春痘、黑眼圈、色斑等。

Face++ 提供的人脸识别接口是可以免费使用的，同时它也提供了付费版接口。与免费版相比，付费版提供的接口功能更强，这在诸如 QPS 的上限、识别结果的属性丰富度以及人脸特征值的存储上限上均有体现。为了使本章的案例讲解更具体，这里选择的是付费版接口，主要用到的是人脸检测接口。

人脸检测接口接受 3 种方式的识别图片来源：指定图片 URL、图片二进制数据流以及 Base64 编码的二进制图片数据。这里采取的是把图片转换成 Base64 的编码，它返回的人脸字段也包含了所有属性。一个完整的人脸识别返回结果如下所示。


```
{
    "image_id": "O2alrpeRIXFejHWe6WlRqw==",
    "request_id": "1517497342,835e7ea9-9018-4952-8a48-0f24fa420dfc",
    "time_used": 1401,
    "faces": [
        {
            "attributes": {
                "emotion": {
                    "sadness": 0,
                    "neutral": 99.861,
                    "disgust": 0,
                    "anger": 0.001,
                    "surprise": 0.136,
                    "fear": 0,
                    "happiness": 0.002
                },
                "beauty": {
                    "female_score": 75.042,
                    "male_score": 73.731
                },
                "gender": {
                    "value": "Female"
                },
                "age": {
                    "value": 34
                },
                "eyestatus": {
                    "left_eye_status": {
```

```
                    "normal_glass_eye_open": 0.002,
                    "no_glass_eye_close": 0,
                    "occlusion": 0.177,
                    "no_glass_eye_open": 99.821,
                    "normal_glass_eye_close": 0,
                    "dark_glasses": 0
                },
                "right_eye_status": {
                    "normal_glass_eye_open": 0.377,
                    "no_glass_eye_close": 0,
                    "occlusion": 0.001,
                    "no_glass_eye_open": 99.622,
                    "normal_glass_eye_close": 0,
                    "dark_glasses": 0.001
                }
            },
            "glass": {
                "value": "None"
            },
            "skinstatus": {
                "dark_circle": 3.916,
                "stain": 64.238,
                "acne": 54.426,
                "health": 8.954
            },
            "facequality": {
                "threshold": 70.1,
                "value": 0.006
            },
            "ethnicity": {
                "value": "White"
            }
        },
        "face_rectangle": {
            "width": 161,
            "top": 381,
            "left": 505,
            "height": 161
        },
        "face_token": "00612fdd863a25cd92ccf4319b349312",
    }
]
```

```
}
```

上述返回结果包含了识别出的人的性别、年龄、眼睛状态、情绪、人种等特性，以及人脸的矩形范围 face_rectangle 参数，这可以帮助读者在图片中的人脸上画矩形框。

注册并创建应用

注册成为 Face++ 开发者之后，登录控制台，在“应用管理”→“API Key”中，单击“创建 API Key”创建应用，填写必要的信息，如图 12-1 所示。

图 12-1　在控制台创建应用

创建成功后，会得到 API Key 和 API Secret 两个参数，在接口调用时需要用到它们。另外，有一点需要特别说明的是，在账号没有充值的情况下，创建的应用所拥有的接口权限是受限的（受限范围可参考具体的 API 文档说明），假如要解锁所有功能，可以在控制台中依次进入“财务中心”→“账户余额”中进行充值。

12.2 创建项目

根据前面章节的介绍，已经清楚了如何创建一个微信小程序项目，在这里不再复述这个过程。现在为项目取一个名字，叫作 wetools。

12.2.1 界面设计

wetools 的界面设计比较简单，底部以 tabBar 的形式承载“功能”和“我的”两个主模块。“功能”页是小程序的功能演示区，“我的”页包含登录、关于等附属模块。图片上传和识别结果展示在二级页面。可以先画出一个大致的交互稿。图 12-2 所示是“功能”页主界面，图 12-3 所示是“我的”页主界面，图 12-4 所示是图片上传和结果展示界面。

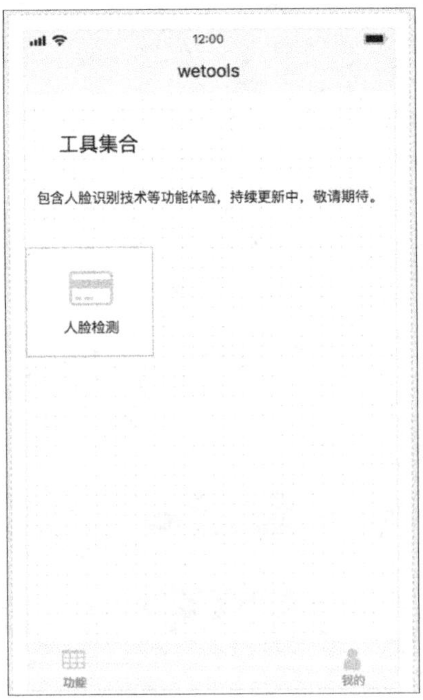

图 12-2 “功能”主界面

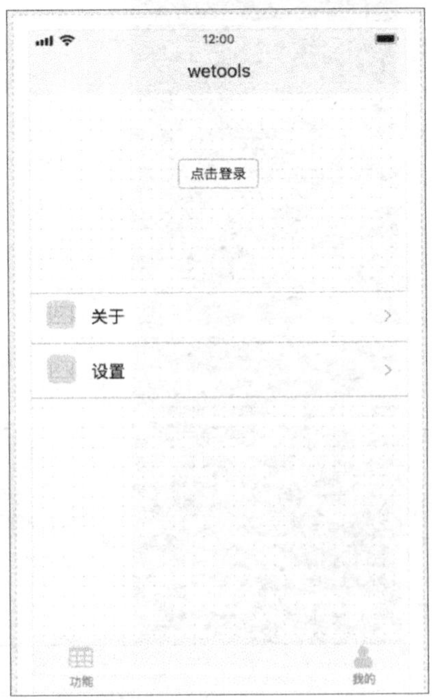

图 12-3 “我的”主界面

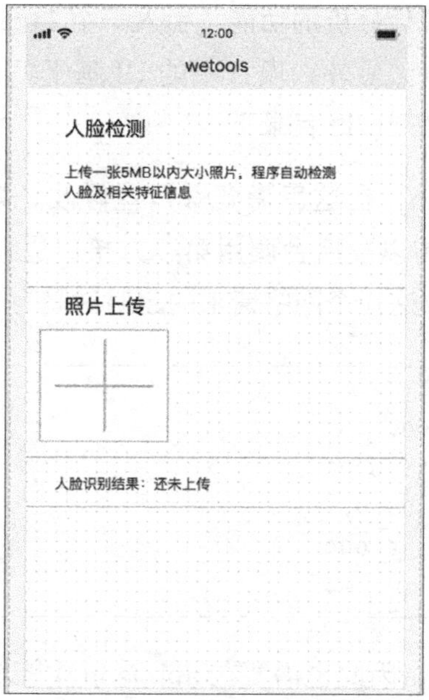

图 12-4　照片上传及结果展示界面

12.2.2　目录结构及配置

项目创建完成之后，对目录进行一些规划。在原来的目录结构上，新增 res 目录存放图片，新增 lib 目录存放第三方 JavaScript 类库，新增 style 目录存放公共的样式 WXSS 文件，项目整体的目录结构如图 12-5 所示。

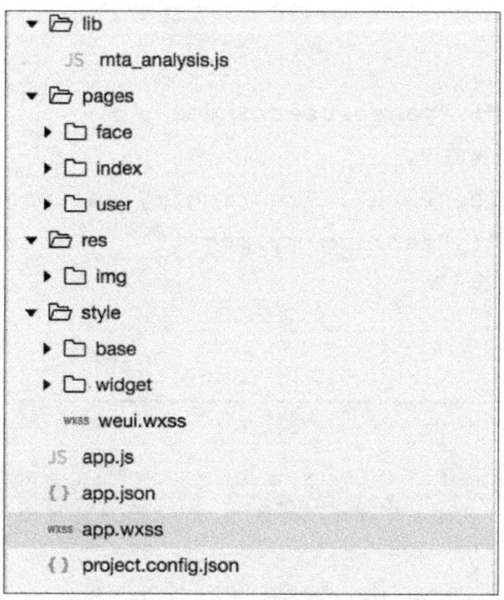

图 12-5　项目整体的目录结构

这里在项目中用到了腾讯统计分析的功能，引入一个 JavaScript 文件 mta.analysis.js 即可，将它放在 lib 目录下。另外，项目中的 UI 基于 WeUI 的小程序版本，因此，相关的 WXSS 样式文件放在 style 目录下。

打开项目配置文件 app.json，在这里需要做一些修改。第一个是 networkTimeout 属性，由于涉及图片的上传以及后台调用第三方接口进行人脸识别，这会导致网络请求时间比较长，因此修改这几个网络请求的超时时间为 60s。

```
"networkTimeout": {
    "request": 60000,
    "connectSocket": 60000,
    "uploadFile": 60000,
    "downloadFile": 60000
  }
```

由于采用了 tabBar 的布局，因此也需要在 app.json 中新增配置。代码如下所示。

```
"tabBar": {
  "color": "#aaaaaa",
    "selectedColor": "#00a4e3",
    "list": [
      {
        "pagePath": "pages/index/index",
        "text": "功能",
        "selectedIconPath": "res/img/features_sel.png",
        "iconPath": "res/img/features.png"
      },
      {
        "pagePath": "pages/user/index",
        "text": "我的",
        "selectedIconPath": "res/img/my_sel.png",
        "iconPath": "res/img/my.png"
      }
    ]
  }
```

12.3 功能实现

本章介绍的人脸识别小程序主功能是实现图片上传，然后根据后端的人脸识别结果，对图片进行人脸区域标注以及相应的信息展示。识别出来的人脸区域，通过 face_rectangle 参数返回，这里通过绝对定位的方式，在图片中的相应位置画矩形框即可。不过，由于在手机端显示图片时，需要对图片矩形进行等比例缩放，因此，矩形框的坐标也需要相应地等比例缩放，这样才能在图片上准确地描绘出人脸区域。

12.3.1 界面

实现图片上传及人脸识别的界面交互的完整 WXML 代码如代码清单 12-1 所示。

代码清单 12-1

```
<!--pages/face/detect/detect.wxml-->
<view class="page">
    <view class="page__hd">
        <view class="page__title">人脸检测</view>
        <view class="page__desc">上传一张 5MB 以内大小照片，程序自动检测人脸及相关特征
信息</view>
    </view>
    <view class="page__bd">
        <view class="weui-cells">
            <view class="weui-cell">
                <view class="weui-cell__bd">
                    <view class="weui-uploader">
                        <view class="weui-uploader__hd">
                            <view class="weui-uploader__title">照片上传</view>
                            <view class="weui-uploader__info">{{files.
length}}</view>
                        </view>
                        <view class="weui-uploader__bd">
                            <view class="weui-uploader__files" id="uploaderFiles">
                                <block wx:for="{{files}}" wx:key="*this">
                                    <view class="weui-uploader__file"
bindtap="showImage" bindlongpress="previewImage" id="{{item}}">
                                        <image class="weui-uploader__img" src="{{item}}"
mode="aspectFill" />
                                    </view>
                                </block>
                                <view class="weui-uploader__input-box">
                                    <view class="weui-uploader__input"
bindtap="chooseImage"></view>
```

```
                                    </view>
                                </view>
                            </view>
                        </view>
                        <view wx:if="{{ progress > 0 && progress < 100}}" class="weui-
progress">
                            <view class="weui-progress__bar">
                                <progress percent="{{progress}}" stroke-width="3"
show-info="true" active="true" />
                            </view>
                        </view>
                    </view>
                </view>
            </view>
            <view class="page__desc">{{faceBrief}}</view>
            <view class="weui-panel weui-panel_access">
              <view class="weui-panel__hd">人脸识别结果：{{faceCnt}}</view>
              <view wx:if="{{faceCover.length > 0}}" class="weui-panel__bd">
                  <view class="weui-media-box weui-media-box_text">
                      <view class="weui-media-box__title weui-media-box__title_
in-text">{{singleFaceIdx}}</view>
                      <rich-text nodes="{{singleFaceDes}}"></rich-text>
                  </view>
              </view>
            </view>
        </view>
        <view style="position:relative">
             <image wx:if="{{pImage}}" style="width:{{imageSize.width}}px
" mode="widthFix" src="{{pImage}}" binderror="imageError" bindload="imageLoad"></
image>
            <view wx:for="{{faceCover}}" wx:for-index="idx" wx:for-item="face"
wx:key="*this" data-idx="{{idx}}" bindtap="showFaceDes" class="face_cover {{face.
current ? 'current' : ''}}" style="{{face.style}}"></view>
        </view>
    </view>
```

视图应用到了小程序的 view、image、progress 和 rich-text 组件，涉及的技术点包括小程序框架视图层的数据绑定、列表渲染 wx:for、条件渲染 wx:if、事件等。运行效果如图 12-6 ～图 12-8 所示。

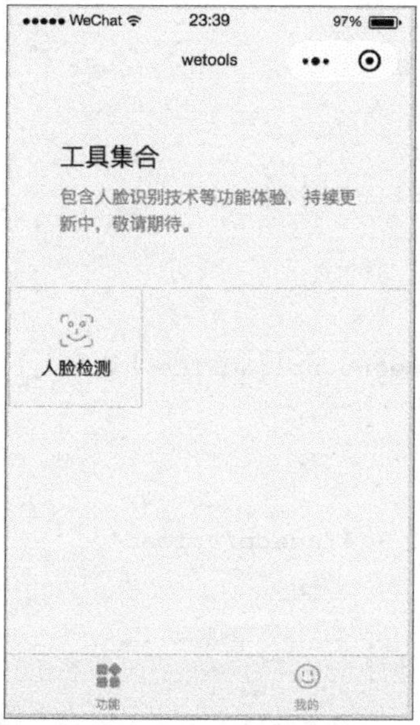

图 12-6 “功能”页运行效果

图 12-7 “我的”页未登录时的运行效果

图 12-8 “我的”页登录时的运行效果

12.3.2 照片上传及预览

wetools 小程序主要使用小程序 API 的 wx.chooseImage 接口获取照片，然后使用 wx.uploadFile 接口进行照片上传。chooseImage 提供了两种方式供用户选择照片，一个是拍照上传，另一个是直接从相册中选取照片。选择照片的代码如代码清单 12-2 所示。

代码清单 12-2

```
wx.chooseImage({
        sizeType: ['compressed', 'original'],
        // original、compressed 可以指定是原图还是压缩图，默认两者都有
        sourceType: ['album', 'camera'],
        // 可以指定来源是相册还是相机，默认两者都有
     count: 1, // 一次选择一张图片
        success: function (res) {
          // 返回选定照片的本地文件路径列表，tempFilePath 可以作为 img 标签的 src 属性显示图片
          that.setData({
            files: that.data.files.concat(res.tempFilePaths),
            faceRetDes: '',
            pImage: res.tempFilePaths,
```

```
                faceCover: [],
              });

              var tempFilePaths = res.tempFilePaths;
              console.log('upload file path:' + tempFilePaths);
               wx.showLoading({
                title: '人脸检测中'
              });
              //请求的超时时间在app.json中的networkTimeout.uploadFile中设置

              //图片上传
              var uploadTask = app.upload({
                    url: app.globalData.apiBaseUrl + 'facepp/upload',
                    filePath: tempFilePaths[0],
                    name: 'wx_file',
                    formData: {
                        'type': 'detect'
                    },
                  success: function (res) {
                      wx.hideLoading();
                  //上传成功后获取到结果，进行相应的信息展示以及在图片上画出人脸矩形框
                  }
                  });
              //显示上传进度
              uploadTask.onProgressUpdate((res) => {
                that.setData({
                  progress: res.progress
                });
                console.log('上传进度', res.progress)
                console.log('已经上传的数据长度', res.totalBytesSent)
                console.log('预期需要上传的数据总长度', res.totalBytesExpectedToSend)
              });
            }
    });
```

wx.chooseImage 方法的 sourceType 参数指定为 album 和 camera，用户可以从本地相册或使用相机拍照来选取照片，方法调用成功后，返回 tempFilePaths 参数作为所选取照片的本地路径列表。由于限制了一次只能选择一张图片，因此取该数组的第一个元素 tempFilePaths[0] 为用户所选取的照片。另外，把每次用户选取的照片都放到 files 变量中去，这样视图层的列表渲染方法 wx:for="{{files}}" 就可以把

所有图片都显示出来，方便用户在列表中切换图片进行查看。

假如上传的照片比较大，则上传时间可能会比较长。为了使用户的上传体验更好，可以令其实时地查看上传进度。wx.uploadFile 方法的返回值有一个 onProgressUpdate 方法，该方法的回调会返回一个 0 ～ 100 的数值代表上传进度，通过 setData 方法把该数值设置到绑定变量，并反映在 progress 进度条组件中，这样就可以达到实时显示进度条的目的，使用户对照片上传的时间有所预期。

用户上传多张照片之后，可以让其自由地在各照片间切换，回看之前的识别结果（人脸及描述），这一交互通过单击照片来实现。另外，也可以给用户提供照片的幻灯片播放模式，并通过左右滑动进行切换，这一交互通过长按照片来实现。实现上述效果的主要逻辑层代码如代码清单 12-3 所示。

代码清单 12-3

```
/**
 * 单击缩略图显示相应的大图，并画人脸线框
 */
showImage: function(e){
    var that = this;
    console.log(e);
    wx.getStorage({
      key: e.currentTarget.id,
      success: function (res) {
        console.log(res.data);
        //设置图片，并画线框
        var faceAll = res.data;
          self.setData({
            pImage: e.currentTarget.id,
            faceCover: faceAll.faceStyles,
            faceCnt: faceAll.faceCnt,
            singleFaceDes: faceAll.faceStyles.length === 0 ? "" :
faceAll.faceStyles[0].des
          });
      }
    });
},
/**
  * 长按图片进入图片滑动预览
  */
```

```
    previewImage: function (e) {
        wx.previewImage({
          current: e.currentTarget.id, // 当前显示图片的 http 链接
          urls: this.data.files // 需要预览的图片 http 链接列表
        })
    },
```

视图层的 bindtap 事件对应 showImage 函数，bindlongpress 事件对应 previewImage 函数。

至此，照片上传的视图和逻辑层代码就讲解完毕了，照片上传的服务端代码会在稍后的讲解中给出。运行效果如图 12-9 所示（部分人脸已进行马赛克处理）。

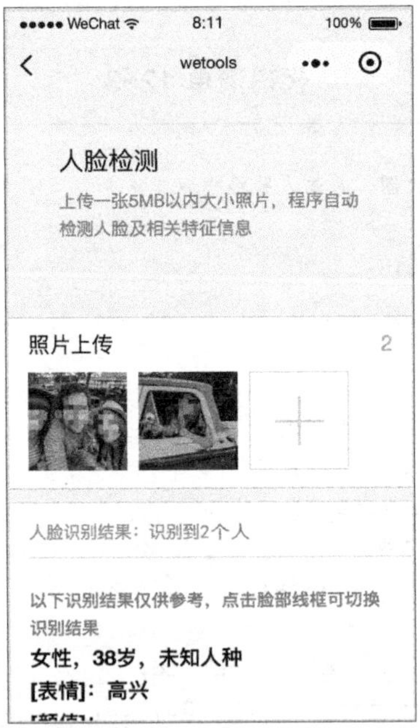

图 12-9　照片上传界面

12.3.3　绘制人脸矩形框

通过人脸识别接口获取若干人脸区域（在 face_rectangle 参数中，每个区域指定了 top、left、width 和 height 参数）之后，就可以在原照片中的相应位置画出人脸矩形框。由于用户的手机尺寸是一定的，但上传的图片尺寸是不确定的，因此，需要对用户上传的照片按照手机的实际视图尺寸进行等比例缩放显示，以确保照片显示完

整。但是，由于人脸识别接口返回的人脸区域是以照片的原尺寸为参照物给出的，因此假如对照片进行等比例缩放，也需要把这个缩放系数反映到人脸矩形框中，否则就无法在正确的位置画出人脸矩形框。原理如图 12-10 所示。

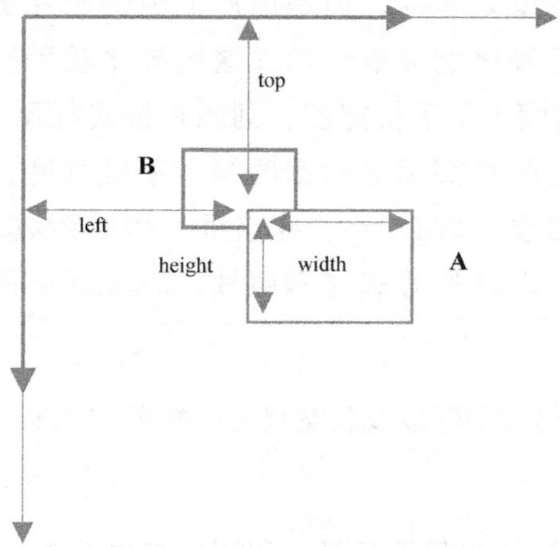

图 12-10　矩形框等比例缩放

矩形框 A 距离原点的顶部（top）、左部（left）、宽（width）和高（height）分别如图 12-10 所示。当视图区缩小时，可以计算出缩放系数 ratio，并把该系数乘于矩形框的 4 个定位置（top，left，width，height），得到矩形框 B。

为了实现上述显示效果，先看一下小程序支持的图片显示模式。查看官方文档可知，小程序 image 组件由 mode 属性指定图片裁剪、缩放的模式，该模式共有 13 种，其中 4 种是缩放模式、9 种是裁剪模式。这里以手机屏幕的可见宽度为最大显示宽度、高度自动变化的方式来显示图片。因此，应该使用缩放模式中的 widthFix 模式：宽度不变，高度自动变化，即保持原图片宽高比不变。

由于矩形框是直接画在原照片上的，因此需要使用相对定位（relative）和绝对定位（absolute）的方式。完整的视图层代码如下所示。

```
<view class="image_container ">
    <image wx:if="{{pImage}}" style="width:{{imageSize.width}}px" mode="widthFix"
src="{{pImage}}" binderror="imageError" bindload="imageLoad"></image>
    <view wx:for="{{faceCover}}" wx:for-index="idx" wx:for-item="face"
wx:key="*this" data-idx="{{idx}}" bindtap="showFaceDes" class="face_cover
{{face.current ? 'current' : ''}}" style="{{face.style}}"></view>
</view>
```

最外层指定 view 的定位为 relative，若干人脸矩形框 view 通过 wx:for 方式循环输出，定位方式为 absolute，而 top、left、width 和 height 值则通过逻辑层动态计算之后绑定到矩形框中，这就完成了矩形框的绘制和显示。

显示照片时，以手机宽度为基准，但是用户上传的照片实际宽度可能会大于手机宽度，所以需要进行等比例缩放显示。这里要比较手机可见宽度和照片实际宽度，假如照片实际宽度小于手机宽度，则照片按实际尺寸显示；假如照片实际宽度大于手机宽度，则照片实际显示宽度等于手机宽度，照片实际显示高度等于照片实际高度乘以缩放系数 ratio。在这里，缩放系数 ratio 等于照片实际宽度除以照片实际高度。以这种方式显示照片，就能保证照片不变形，而且显示完整。

同样地，人脸矩形框的起点坐标以及长宽尺寸也需要乘以 ratio 比例系数，才能实现精准的人脸矩形框绘制。

代码清单 12-4 是计算照片实际显示尺寸和照片缩放系数 ratio 的函数逻辑。该函数在图片加载完成之后才开始执行，这样才能获取图片的原始尺寸。图片加载完成之后，会有 bindload 事件响应，因此这里把 imageLoad 函数绑定到 bindload 事件中。

代码清单 12-4

```
/**
 * 图片加载完成之后，计算图片显示尺寸以及图片缩放比例
 */
imageLoad: function (e) {
  console.log('imageLoad, height:' + e.detail.height + ",width:" + e.detail.width);
   this.setData({
     showView: true,
     cssIndex: 1
   });

   // 计算图片的真实长宽，以适应屏幕显示
   var originWidth = e.detail.width,
     originHeight = e.detail.height,
     ratio = originWidth / originHeight; // 图片长宽比
   var viewWidth = this.data.winWidth, viewHeight;// 手机长宽
   // 判断图片原有宽度和屏幕宽度哪个大
   if (originWidth > this.data.winWidth) {
```

```
      viewHeight = viewWidth / ratio;
    } else {
      viewWidth = originWidth;
      viewHeight = originHeight;
    }
    // 设置图片显示长宽以及缩放比例系数
    this.setData({
      imageSize: {
        width: viewWidth,
        height: viewHeight
      },
      imageRatio: viewWidth / originWidth
    });
}
```

完成照片缩放系数 ratio 的计算之后，需要把这个系数反馈到人脸矩形框的尺寸中。代码清单 12-5 是获取后端的人脸识别结果之后，对每个人脸矩形框的起点以及长宽尺寸进行重新计算的过程。

代码清单 12-5

```
// 获取脸部区域
var faceStyles = [];
var ratio = that.data.imageRatio;
// 等比例设置每个人脸的线框坐标以及尺寸
for (let i = 0; i < faceCnt; ++i) {
    var faceObj = {};
    console.log(faceData[i]);
    var faceArea = faceData[i]['face_rectangle'];
    // 定位值设置
    var faceStyle = [];
    faceStyle.push("top:" + (faceArea['top'] * ratio) + "px");
    faceStyle.push("left:" + (faceArea['left'] * ratio) + "px");
    faceStyle.push("width:" + (faceArea['width'] * ratio) + "px");
    faceStyle.push("height:" + (faceArea['height'] * ratio) + "px");

    faceObj.style = faceStyle.join(";");// 人脸线框样式
    faceObj.des = faceData[i]['ext_des']; // 人脸描述信息
    faceObj.idx = i;
    faceObj.current = false;
    faceStyles.push(faceObj);
```

```
    }
    //设置第一个为当前选中的人脸
    faceStyles[0].current = true;
    console.log(faceStyles);
    var faceCntDes = "识别到" + faceCnt + "人";
    //设置人脸线框
    that.setData({
        faceCover: faceStyles,
        faceCnt: faceCntDes,
        singleFaceDes: faceStyles[0].des,
    });

    var faceAll = {};
    faceAll.faceCnt = faceCntDes;
    faceAll.faceStyles = faceStyles;
    //把人脸识别结果缓存到本地
    wx.setStorage({
     key: tempFilePaths[0],
     data: faceAll
    });
```

至此，人脸矩形框的绘制完成，运行效果如图 12-11 所示（部分人脸已进行马赛克处理）。

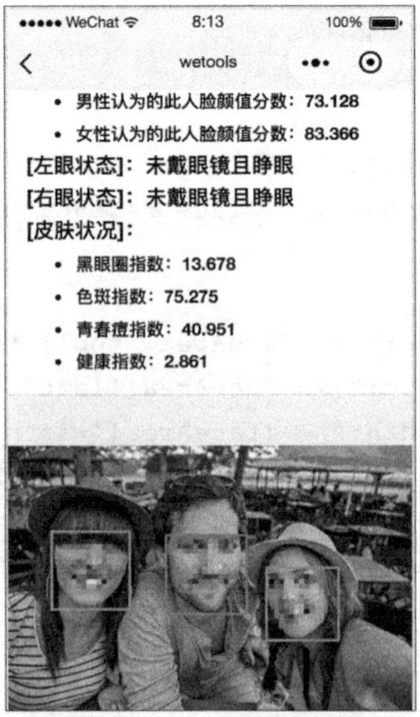

图 12-11 人脸矩形框

12.3.4 人脸识别

本节讲解人脸识别的后端接口实现部分。Face++ 的功能以 Web API、Mobile SDK 以及整体解决方案的方式提供。在小程序的应用场景中，通常的做法是小程序向开发者服务器发起请求，然后再由开发者服务器（后端）向 Face++ 发起 Web API 请求，对结果进行处理之后再将其返回给小程序使用。

这里在 controllers 中新建一个专门用来处理 Face++ 接口的控制器，命名为 Facepp。新建一个 detect 方法用来处理人脸检测请求，如代码清单 12-6 所示。

代码清单 12-6

```
public function detect(){
   set_time_limit(300);
   log_message('debug', 'files:' . json_encode($_FILES) . ',post:' .
json_encode($_POST) . ',get:' . json_encode($_GET));
if($_FILES['wx_file']['tmp_name']){
        $this->load->library('fileprovider');
        $ret = $this->fileprovider->upload_file(['file' => $_FILES['wx_file']]);
        log_message('debug', 'upload file, ret:' . json_encode($ret));
        //上传文件出错
        if(!$ret['ret']){
             die($ret['msg']);
        }

        $this->load->library('faceppsdk');
        $request = array(
             'image_base64' => $this->fileprovider->base64image($ret['file_path']),
             'return_landmark' => 0,
             'return_attributes'
'gender,age,emotion,eyestatus,ethnicity,facequality,beauty,skinstatus',
             'calculate_all' => 1,

        );

        $res = Faceppsdk::execute('detect', $request);
        $res_face = json_decode($res['body'], true);
        log_message('debug', 'facepp ret: ' . json_encode($res));

        $this->load->helper('response');
```

```
        //请求失败
        if(!isset($res_face['image_id'])){
            response_fail(-1, $res_face['error_message']);
        }else{
            $this->load->helper('face');
            //添加额外信息
            foreach ($res_face['faces'] as &$face){
                $face['ext_des'] = get_face_des($face['attributes']);
            }
            response_ok($res_face);
        }
    }else{
        response_fail(-1,'未上传文件');
    }
}
```

这是提供给小程序调用的方法，这个方法的主要逻辑是，接收用户上传的照片，调用 Face++ 接口进行人脸识别，获取结果之后，对结果进行加工处理，然后将其返回给小程序。这里涉及 3 个主要功能模块的封装：文件上传、Face++ 接口调用、识别结果加工。

- 文件上传。从请求中获取上传的文件，对文件格式及大小进行判断，并按标准格式输出数据。这里以类库的方式提供，在 libraries 目录下新建 Fileprovider.php 文件。此外，传递给 Face++ 接口的图片采用的是 Base64 编码的二进制图片数据，这个转换的方法也在这个类库中定义。完整代码如代码清单 12-7 所示。

代码清单 12-7

```
<?php
class Fileprovider
{
    const max_file_size = 5242880; //5 * 1024 * 1024，最大支持上传文件大小为 5MB
    protected $CI;
    protected $upload_ret = null;

    function __construct($config = array()){
        $this->CI = &get_instance();
    }
```

```
    function upload_file($params = array()){
        $file = $params['file'];
        switch ($file["error"]){
            case 1:
            case 2:
                return array('ret' => false, 'msg' => '上传文件失败，
error:'.$file["error"]);
            break;
            case 3:
                return array('ret' => false, 'msg' => '上传文件失败，上传中断
');
                break;
            case 4:
                return array('ret' => false, 'msg' => '上传文件失败，没有上传的文件');
                break;
        }

        switch ($file["type"]){
            case 'image/jpeg':
                $file_type = 'jpeg';
                break;
            case 'image/jpg':
                $file_type = 'jpg';
                break;
            case 'image/png':
                $file_type = 'png';
                break;
            default:
                return array(
                    'ret' => false,
                    'msg' => '上传文件失败，只支持png,jpg,jpeg格式');
        }

        if($file['size'] > self::max_file_size){
            return array('ret' => false, 'msg' => '文件最大支持' .
            (self::max_file_size / 1024 / 1024) . 'M');
        }


        $file_name = md5((microtime(true) * 10000)) . '.' . $file_type;
        $tmp_file_path = FCPATH . "uploadfiles/tmp/{$file_name}";
        if(!move_uploaded_file($file["tmp_name"], $tmp_file_path)){
```

```
                return array(
                    'ret' => false,
                    'msg' => '移动文件失败！ 请设置 uploadfiles/tmp/ 目录权限 '
                );
            }

                return array(
                'ret' => true,
                'msg' => 'ok',
                'data' => $file_name,
                'file_name' => $file_name,
                'file_path' => $tmp_file_path,
                'extra' => array(
                    'size' => $file['size'],
                    'mime' => ".$file_type")
            );
        }

    /**
    * 获取文件信息
    * @param $filepath
    * @return array
    */
    function path_info($filepath){
            $path_parts = array();
            $path_parts ['dirname'] = rtrim(substr($filepath, 0, strrpos($filepath,
'/')),"/")."/";
            $path_parts ['basename'] = ltrim(substr($filepath, strrpos($filepath,
'/')),"/");
            $path_parts ['extension'] = substr(strrchr($filepath, '.'), 1);
            $path_parts ['filename'] = ltrim(substr($path_parts ['basename'], 0,
strrpos($path_parts ['basename'], '.')),"/");
            return $path_parts;
        }

        public function is_success(){
            return $this->upload_ret ? ($this->upload_ret['code'] == 0 ? true :
false) : false;
        }

        public function error_msg(){
            return $this->upload_ret ? ($this->upload_ret['message']) :
```

```
'';
        }

        public function upload_data(){
            return $this->upload_ret ? ($this->upload_ret['data']) : null;
        }

        /**
         * 把图片转换成base64编码格式
         * @param $file_path
         * @param bool $with_header
         * @return string
         */
        public function base64image($file_path, $with_header = false){
            $image_info = getimagesize($file_path);
            $image_data = fread(fopen($file_path, 'r'), filesize($file_path));
            $base64_image = chunk_split(base64_encode($image_data));
            if($with_header){
                    $base64_image = 'data:' . $image_info['mime'] . ';base64,' .
$base64_image;
            }
            return $base64_image;
        }
    }
```

- Face++ 接口调用。为了更好地复用代码，对所有的 Face++ 标准 Web API 接口调用进行了封装，调用方只要指定接口的方法以及参数就可以完成调用。代码在 libraries/Faceppsdk.php 文件中，完整的代码如代码清单 12-8 所示。这里需要把 execute 方法中的 api_key 和 api_secret 参数替换为读者自己新建应用的对应值。

代码清单 12-8

```
    <?php
    class Faceppsdk
    {
        public static function execute($method, array $params)
        {
            $params['api_key']        = 'YOUR_API_KEY';
            $params['api_secret']     = 'YOUR_API_SECRET';
            return self::request("https://api-cn.faceplusplus.com/facepp/v3/{$method}",
```

```
$params);
        }

        private static function request($request_url, $request_body)
        {
            $curl_handle = curl_init();
            curl_setopt($curl_handle, CURLOPT_URL, $request_url);
            curl_setopt($curl_handle, CURLOPT_FILETIME, true);
            curl_setopt($curl_handle, CURLOPT_FRESH_CONNECT, false);
            curl_setopt($curl_handle, CURLOPT_MAXREDIRS, 5);
            curl_setopt($curl_handle, CURLOPT_HEADER, false);
            curl_setopt($curl_handle, CURLOPT_RETURNTRANSFER, true);
            curl_setopt($curl_handle, CURLOPT_TIMEOUT, 5184000);
            curl_setopt($curl_handle, CURLOPT_CONNECTTIMEOUT, 120);
            curl_setopt($curl_handle, CURLOPT_NOSIGNAL, true);
            curl_setopt($curl_handle, CURLOPT_REFERER, $request_url);
            curl_setopt($curl_handle, CURLOPT_USERAGENT, "Faceplusplus PHP SDK/1.1");

            if (extension_loaded('zlib')) {
                curl_setopt($curl_handle, CURLOPT_ENCODING, '');
            }
            curl_setopt($curl_handle, CURLOPT_POST, true);
            if (array_key_exists('img', $request_body)) {
                $request_body['img'] = '@' . $request_body['img'];
            } else {
                $request_body = http_build_query($request_body);
            }
            curl_setopt($curl_handle, CURLOPT_POSTFIELDS, $request_body);
            $response_text      = curl_exec($curl_handle);
            $response_header    = curl_getinfo($curl_handle);
            curl_close($curl_handle);
            return array (
                'http_code'     => $response_header['http_code'],
                'request_url'   => $request_url,
                'body'          => $response_text
            );
        }
    }
```

- 识别结果加工。大部分人脸属性值是英文的，为了使用户更好地理解识别结果，可以对 Face++ 接口返回的识别结果进行必要的加工。这里返回了一段

HTML 代码到小程序，小程序端用富文本控件 rich-test 进行显示。代码在 helpers/face_helper.php 中，完整代码如代码清单 12-9 所示。

代码清单 12-9

```
<?php
defined('BASEPATH') OR exit('No direct script access allowed');
   /**
   * 获取完整的识别结果
   * @param $face_attr
   * @return string
   */
function get_face_des($face_attr){
      $des = "<h5 class='red'>以下识别结果仅供参考，点击脸部线框可切换识别结果
</h5>";
      // 性别、年龄
      $des .= "<h4>" . ($face_attr['gender']['value'] == "Male" ? "男性" : "女性");
      $des .= "，" . $face_attr['age']['value'] . "岁，";
      // 人种
      $des .= get_ethnicity($face_attr['ethnicity']['value']) . "</h4>";
      // 表情
      $emotion = $face_attr['emotion'];
      // 找到最大分值对应的表情
      $max_score = 0;
      $guss_e = null;
      foreach ($emotion as $e => $score){
         if($score > $max_score){
            $guss_e = $e;
         }
      }

      $des .= "<h4>[表情]：" . get_emotion($guss_e) . "</h4>";
      // 颜值指数
      $beauty = $face_attr['beauty'];
      $des .= "<h4>[颜值]：</h4><ul>";
      $des .= "<li><h5>男性认为的此人脸颜值分数：" . $beauty['male_score'] .
"</h5></li>";
      $des .= "<li><h5>女性认为的此人脸颜值分数：" . $beauty['female_score'] .
"</h5></li>";
      $des .= "</ul>";
      // 左眼
      $left_eye = $face_attr['eyestatus']['left_eye_status'];
```

```
        // 找到最大分值对应的表情
        $max_score = 0;
        $guss_e = null;
        foreach ($left_eye as $e => $score){
            if($score > $max_score){
                $guss_e = $e;
            }
        }

        $des .= "<h4>[ 左眼状态 ] : " . get_eyestatus($guss_e) . "</h4>";
        // 右眼
        $left_eye = $face_attr['eyestatus']['right_eye_status'];
        // 找到最大分值对应的表情
        $max_score = 0;
        $guss_e = null;
        foreach ($left_eye as $e => $score){
            if($score > $max_score){
                $guss_e = $e;
            }
        }

        $des .= "<h4>[ 右眼状态 ] : " . get_eyestatus($guss_e) . "</h4>";
        // 皮肤
        $des .= "<h4>[ 皮肤状况 ] :</h4><ul>";
        $skinstatus = $face_attr['skinstatus'];
        foreach ($skinstatus as $s => $score){
            $des .= "<li><h5>" . get_skin($s) . " 指数: " . $score . "</h5></li>";
        }
        $des .= "</ul>";
        return $des;
}

/**
  * 获取表情描述
  * @param $key
  * @return mixed|string
  */
function get_emotion($key){
        $data = array(
            'sadness' => ' 伤心 ',
            'neutral' => ' 平静 ',
            'disgust' => ' 厌恶 ',
```

```
            'anger' => '愤怒',
            'surprise' => '惊讶',
            'fear' => '恐惧',
            'happiness' => '高兴'

        );

        return isset($data[$key]) ? $data[$key] : '未定义表情';
}

/**
 * 获取皮肤描述
 * @param $key
 * @return mixed|string
 */
function get_skin($key){
        $data = array(
            'health' => '健康',
            'stain' => '色斑',
            'acne' => '青春痘',
            'dark_circle' => '黑眼圈'
        );

        return isset($data[$key]) ? $data[$key] : '未定义皮肤状态';
}

/**
   * 获取眼睛状态描述
   * @param $key
   * @return mixed|string
   */
function get_eyestatus($key){
        $data = array(
            'occlusion' => '眼睛被遮挡', //眼睛被遮挡的置信度
            'no_glass_eye_open' => '未戴眼镜且睁眼', //不戴眼镜且睁眼的置信度
            'normal_glass_eye_close' => '佩戴普通眼镜且闭眼', //佩戴普通眼镜且闭眼的置信度
            'normal_glass_eye_open' => '佩戴普通眼镜且睁眼', //佩戴普通眼镜且睁眼的置信度
            'dark_glasses' => '佩戴墨镜', //佩戴墨镜的置信度
            'no_glass_eye_close' => '未戴眼镜且闭眼', //不戴眼镜且闭眼的置信度
        );

        return isset($data[$key]) ? $data[$key] : '未知眼睛状态';
```

```
    }

    /**
     * 获取人种描述
     * @param $key
     * @return mixed|string
     */
    function get_ethnicity($key){
        $data = array(
            'Asian' => '亚洲人',
            'White' => '白种人',
            'Black' => '黑种人'
        );

        return isset($data[$key]) ? $data[$key] : '未知人种';
    }
```

12.4 与后端交互

微信小程序作为前端框架，只负责前端的视图层以及部分逻辑处理，真正的数据处理通常由后端服务完成，处理的结果也会保持在后端数据库服务器中。小程序与后端服务器的这种数据交互模式，称为 Client/Server 结构（C/S 模式），它区别于常见的 Browser/Server 结构（B/S 模式）。关于 C/S 模式和 B/S 模式的区别在这里不展开讨论。

小程序与后端接口进行数据交互，需要通过小程序提供的网络通信 API，主要有普通 HTTPS 请求（wx.request）、上传文件（wx.uploadFile）、下载文件（wx.downloadFile）和 WebSocket 通信请求（wx.connectSocket）四大类。在这个示例小程序中用到了前两类 API。

12.4.1 接口封装

这里会在多个页面中使用到小程序提供的网络请求 API，而且会在这些请求中带上通用的请求参数，例如用来验证接口权限的 Token 参数。为了更好地复用代码，提供统一的错误处理机制，在 app.js 文件中对常用的网络请求接口进行了封装，把 wx.request 封装在 request 函数中，把 wx.uploadFile 封装在 upload 函数中。如代码清单 12-10 所示。

代码清单 12-10

```
request: function(option){
      var self = this;
      option.data = option.data || {};
      // 加上 Token 参数
      option.data.token = wx.getStorageSync('userSessionId');
      wx.request({
        url: option.url,
        data: option.data || {},
        method: option.method || 'GET',
        header: {
            'content-type': 'application/x-www-form-urlencoded'
        },
        success: function(res){
          console.log('request res:' + res);
          if (res.data.code == -10) {
            wx.showToast({
              title: 'token 非法',
              icon: 'none',
              duration: 3000
            });
          }
          option.success && option.success(res);
        },
        fail: function(err){
          option.fail && option.fail(err);
        },
        complete: function (res) {
          option.complete && option.complete(res);
        },
      });
    },

upload: function(option){
    var self = this;
    option.formData = option.formData || {};
    // 加上 Token 参数
    option.formData.token = wx.getStorageSync('userSessionId');
    var uploadTask = wx.uploadFile({
```

```
        url: option.url,
        filePath: option.filePath,
        name: option.name,
        formData: option.formData,
        success: function (res) {
          console.log('upload res:' + res);
          var resJson = JSON.parse(res.data);
          if (resJson.code == -10){
            wx.showToast({
              title: 'Token 非法 ',
              icon: 'none',
              duration: 5000
            });
          }
          option.success && option.success(res);
        },
        fail: function (err) {
          option.fail && option.fail(res);
        }
      });
      return uploadTask;
  }
```

对这两个接口的封装，核心思想在于函数回调。它们接收 option 参数，调用方在 option 参数中指定参数。封装后的方法会在原参数的基础上添加通用参数，例如 Token。另外，也对接口的返回码进行统一处理，例如 Token 非法会弹出提示框。最后，各项检查都通过之后，再回调调用方的回调函数。在之前的讲解中，也使用到了这两个封装的方法。封装后的接口使用方式如下。

```
  //wx.request 函数调用
  funcDemo1: function (){
      app.request(
        {
          // 请求 URL 地址，wx.request 的原始请求参数
          url: self.globalData.apiBaseUrl + 'miniapp/auth_new',
          // 请求的 data，wx.request 的原始请求参数
          data: {
            a : 'value_a',
            b: 'value_b'
          },
          // 接口请求成功后的回调函数
```

```
            success: function(res){
              //TODO …
            }
          }
        );
    },

    //wx.uploadFile 函数调用
    funcDemo2: function(){
    var uploadTask = app.upload({
          // 请求 URL 地址，wx.uploadFile 的原始请求参数
          url: app.globalData.apiBaseUrl + 'facepp/detect',
          // 请求 filePath，wx.uploadFile 的原始请求参数
          filePath: tempFilePaths[0],
          // 请求 name，wx.uploadFile 的原始请求参数
          name: 'wx_file',
          // 请求 formData，wx.uploadFile 的原始请求参数
          formData: {
              a : 'value_a',
              b: 'value_b'
          },
          // 接口请求成功后的回调函数
          success: function (res) {
            //TODO ...
          },
          // 接口请求失败后的回调函数
          fail: function (err) {
            //TODO ...
          }
    });

    // 显示上传进度
    uploadTask.onProgressUpdate((res) => {
        //TODO ...
    });
    }
```

12.4.2 接口安全

经典的 C/S 模式或 API 接口调用，通常会涉及接口安全调用的问题，简单地说就是

如何防止接口地址被人获取之后恶意请求接口。例如上传文件的接口，假如没有接口的权限校验，则接口被人频繁调用之后，可能导致服务器磁盘很快被占满；频繁调用付费接口，会导致接口调用次数被耗尽；接口参数被篡改后会被传递到服务端并最终存到数据库。简单总结起来，主要是以下两大类问题。

- 请求参数被篡改，来源非法。解决这类问题，通常是采用参数签名的方式。它要求调用方按照约定好的算法生成签名，作为请求的一部分，接口提供方用相同算法生成签名，与调用方的签名进行比较，比较是否一致即可知是否合法。一种常用的签名的生成算法：把请求参数和密钥进行一定规则的排序，再对其进行 MD5 值计算，得到签名。这里提到的密钥，由接口提供方给出，与调用方共享。
- 重复请求，重放攻击。对于某些重要接口或者对接口时效性有要求的场景，也要考虑接口请求的唯一性，预防重放攻击。可以在请求中带上时间戳，并且把时间戳作为签名的一部分，接口提供方对时间戳进行验证，只允许一定时间范围内的请求。

小程序与后端服务器的接口调用也可以抽象为 C/S 模式，因此同样存在接口安全的问题。如何防止后端接口被恶意调用呢？这里采用了一种比较简单有效的方式：小程序登录后，由后端按照一定算法生成一个带有时效性的 Token 返回给小程序，并存储在本地缓存中，之后的每次网络请求都带上这个 Token 值，后端接口对 token 值的合法性进行校验。这种方式能抵御掉一大部分的接口恶意调用。但是，假如对小程序的网络请求进行抓包，则可以看到请求的地址并提取其中的 Token，这种安全防护也会失效。所以说只能降低安全风险而无法做到绝对安全。

在封装的标准接口中统一添加每个请求的 Token，将小程序本地缓存的 key 命名为 userSessionId，通过 wx.getStorageSync 获取。userSessionId 是在用户登录之后，由后端接口返回给小程序存储的。

```
upload: function(option){
    var self = this;
    option.formData = option.formData || {};
    //加上 Token 参数
    option.formData.token = wx.getStorageSync('userSessionId');
    var uploadTask = wx.uploadFile({
      //option 参数
    });
```

```
        return uploadTask;
    }
```

后台接口接收到请求的 Token 之后，需要对合法性进行校验。与小程序前端类似，将后端的这个校验过程也封装到基类 Controller 中。新建基类文件 core/MiniAPPController.php，并在构造函数中编写校验逻辑，每个需要进行接口安全校验的 Controller 都继承自它。完整的代码如代码清单 12-11 所示。

代码清单 12-11

```
    <?php
    class MiniAPPController extends CI_Controller
    {
            public function __construct()
            {
                parent::__construct();
                log_message('debug',"request url :" . $this->request_url() . ',post:' .
json_encode($_POST) . ',get:' . json_encode($_GET));
            $token = $this->input->get('token');
                if(empty($token)){
                    $token = $this->input->post('token');
                }

                $this->load->helper('response');
                if(empty($token)){
                    response_fail(-10, "Token 为空 ");
                }
                log_message('debug', 'request, miniapp session id:' . session_id());
                $this->load->driver('cache', array('adapter' => 'redis'));
                $token_key = "login_token_{$token}";

                $cache_token = $this->cache->get($token_key);
                if(empty($cache_token)){
                    response_fail(-10, "Token 非法 ");
                }
            }

        /**
        * 获取当前请求的 URL 地址
        * 由于腾讯云的负载均衡到后端机器时，都采用了 HTTP 的方式，
        * 所以必须通过腾讯云的 HTTP_X_CLIENT_PROTO 请求头来进行一次判断
```

```
        * @return string
        */
        function request_url()
        {
                if(isset($_SERVER['HTTP_X_CLIENT_PROTO'])){
                        $protocol = (!empty($_SERVER['HTTP_X_CLIENT_PROTO']) &&
$_SERVER['HTTP_X_CLIENT_PROTO'] == 'https') ? "https://" : "http://";
                }else{
                        $protocol = (!empty($_SERVER['HTTPS']) && $_SERVER['HTTPS'] !==
'off' || $_SERVER['SERVER_PORT'] == 443) ? "https://" : "http://";
                }

                return "$protocol$_SERVER[HTTP_HOST]$_SERVER[REQUEST_URI]";
            }
    }
```

校验 Token 合法性的逻辑是，从请求中获取 Token，按照一定的规则生成缓存 key 并从缓存中查找对应的 key 是否包含有效值。假如没有说明这个 Token 值并非是服务端生成的，则它是一个非法值；假如验证通过，则继续执行下面的逻辑。

12.4.3 小程序登录

在 12.4.2 节中，介绍了小程序接口安全的问题，并给出了一个简单的解决方案：用户主动发起小程序登录，从后端获取 Token，每次网络调用都带上这个 Token 并由后端进行合法性校验。因此，小程序的登录显得尤为关键。在第 8 章中，曾对新建的模板项目进行代码解析，那部分代码也是一个简单的登录演示，但没有涉及完整的用户信息获取，也没有调用后端的解密接口对用户信息进行解密。下面讲解一个完整的获取用户完整信息的登录过程。

获取用户敏感信息的小程序的完整登录流程：通过 wx.login 获取 code，然后调用 wx.getUserInfo 获取用户基本信息。这里获取的用户信息（例如 OpenId 和 UnionID 等敏感信息）是经过加密的，需要客户端传递加密数据、授权 code 和初始化向量 iv 到开发者服务器进行解密。

这个登录流程看似无懈可击，但其实它并非是微信官方推荐的最佳方案，甚至可能会在后续的版本中不再得到支持。

1. wx.getUserInfo 方法的用户体验问题

很多开发者在用户首次进入小程序首页时就会调用获取用户敏感信息的 wx.getUserInfo 方法，然后弹框获取用户信息，这样会使一部分用户单击“拒绝”按钮（毕竟有些用户可能是抱着看一看的心理才打开小程序，并不想一开始就同意授权），假如开发者没有处理用户拒绝弹框的情况，但是用户又必须授权头像、昵称等基本信息才能继续使用小程序，就会导致某些用户放弃使用该小程序，使用户体验大打折扣，也会导致一部分用户的流失。所以，建议在必要的情况下才调用 wx.getUserInfo 方法。

2. 如何在不调用 wx.getUserInfo 方法的情况下获取用户 OpenID 和 UnionID

很多开发者在首页调用 getUserInfo 方法，是为了获取用户的 OpenID 或 UnionID，以便完成自动登录，或者识别到用户是否关注了相同主体公众号或 APP，来提前进行账户互通和登录，快速读取已有用户的数据。其实，也可以使用 wx.login 获取到的 code，并配合后端接口来直接换取 OpenID 和 InionID，整个过程是静默授权。不过，UnionID 这个参数需要同时满足以下两个条件才会返回。

- 小程序接入了微信开放平台，而且在微信开放平台下存在相同主体的 APP、公众号和小程序。
- 用户关注了某个相同主体公众号，或曾经在某个相同主体 APP、公众号上进行过微信登录授权。

3. 微信官方逐步弃用 wx.getUserInfo 方式弹框获取用户信息

微信官方表示，为优化用户体验，使用 wx.getUserInfo 接口直接弹出授权框的开发方式将逐步不再被支持。假如开发者真的需要获取用户的基本信息，可以使用以下方式获取或展示。

- 使用 button 组件，并将 open-type指定为 getUserInfo 类型，从基础库 1.3.0 开始支持，低版本需进行兼容处理。
- 使用 open-data 展示用户基本信息，从基础库 1.4.0 开始支持，低版本需进行兼容处理。

4. 关于 wx.login 和 wx.getUserInfo

把 wx.login 和 wx.getUserInfo 捆绑在一起作为登录使用其实是一个误区。wx.login 已经可以完成登录，wx.getUserInfo 只是获取额外的用户信息。在 wx.login 获取到 code 后，会将其发送到后端，后端通过接口在微信后端换取到 OpenID、UnionID 和 sessionKey 后，把自定义登录态 3rd_session 返回给前端，就已经完成登录行为了。而 login 行为是静默的，用户不必主动授权，因此用户不会察觉。

wx.getUserInfo 只是为了提供更优质的服务而存在，比如展示头像、昵称，判断性别等，可结合 UnionID 和其他公众号上已有的用户画像来提供用户数据。因此，不必在用户刚进入小程序时就强制其授权。

5. 获取用户信息的推荐方案

综上所述，wx.login 和 wx.getUserInfo 无须绑定使用。为了更灵活地实现需求，可以探索一种获取用户信息的最佳实践，总结如下。

①调用 wx.login 获取 code，然后从微信后端换取 session_key，用于后续解密 getUserInfo 返回的敏感数据。

②使用 wx.getSetting 获取用户授权情况。若已授权，则直接调用 wx.getUserInfo 获取用户最新信息；若未授权，则在界面中显示一个按钮（open-type 类型为 getUserInfo）提示用户登录，当用户单击并同意授权后就能获取到用户的最新信息。

③获取用户数据后可以进行展示，然后发送到开发者后端，进行用户敏感数据解密，以及其他逻辑处理。

简单总结一下：一般的登录需求，使用 wx.login 配合后端接口，换取 OpenID 和 UnionID 来完成；复杂一些的登录需求，例如需要获取用户敏感信息，可以使用 button 授权组件，实现主动弹框获取授权，并调用 getUserInfo 配合后端接口，换取敏感信息以及 OpenID 和 UnionID。这里的核心点就是，不要在用户从未主动授权的情况下直接调用 getUserInfo 方法。

基于上述讨论，这里也实现了一套符合微信官方要求的小程序登录，大致思路：在首页通过 wx.login 登录，获取 code 之后，向后端服务器请求登录得到 OpenID 和 UnionID，生成 3rd_session 的 Token，这就算完成了登录过程。另外，使用类型为 getUserInfo 的 button 组件来获取用户敏感信息。下面来详细讲解。

在 app.js 的 onLaunch 方法中，通过 wx.getSetting 方法验证用户是否已授权。若未授权，则调用 wx.login 换取 code，然后去后台换取登录 Token；若已授权，则调用 wx.getUserInfo 方法获取用户敏感信息，然后同样去后台换取登录 Token。如代码清单 12-12 所示。

代码清单 12-12

```
onLaunch: function () {
    //...
    //获取用户信息  基础库 1.2.0 以上才有
    if(wx.getSetting){
      wx.getSetting({
        success: res => {
          if (res.authSetting['scope.userInfo']) {
            //用户已经授权，获取用户敏感信息并登录
            this.getUserInfoAndLogin();
          }else{
            this.userReLogin(null);
          }
        },
        fail: function(err){
          this.userReLogin(null);
        }
      });
    }else{
      this.userReLogin(null);
      console.warn('base < 1.2.0, can not use wx.getSetting');
    }

    //...
},

/**
  * 用户已经同意授权后
  * 获取用户信息，并向后台请求登录
  */
getUserInfoAndLogin: function(){
    wx.login({
      success: res => {
        this.globalData.authCode = res.code;
        this.logger("Re[wx.login] res:" + JSON.stringify(res));
        // 已经授权，可以直接调用 getUserInfo 获取头像、昵称，不会弹框
        wx.getUserInfo({
          //withCredentials: true,
          success: res => {
```

```
            console.log('getUserInfo, res:' + JSON.stringify(res));
            // 可以将 res 发送给后台解码出 unionId
            this.globalData.userInfo = res.userInfo;
            //向后台请求登录
            this.userLogin(res);
            // 由于 getUserInfo 是网络请求，可能会在 Page.onLoad 之后才返回
            // 所以此处加入 callback 以防止这种情况
            if (this.userInfoReadyCallback) {
              this.userInfoReadyCallback(res)
            }
          },
          fail: res => {
            console.error('user auth fail!');
          }
        });

      },
      fail: res => {
        console.warn('Re[wx.login] fail, res:' + JSON.stringify(res));
      }
    });
  },

  /**
    * 登录 wx.login 获取 code，从后端获取登录态
    * data 可为空
    */
  userReLogin: function(data){
    // 重新登录，获取 code
    wx.login({
      success: res => {
        this.globalData.authCode = res.code;
        this.logger("Re[wx.login] res:" + JSON.stringify(res));
        //向后台请求登录
        this.userLogin(data);
      },
      fail: res => {
        console.warn('Re[wx.login] fail, res:' + JSON.stringify(res));
      }
    });
  },
```

封装一个 userLogin 方法与后端交互来完成用户信息解密，并生成 Token 返回给小程序，该方法也在 app.js 中，后端接口的 URL 是 miniapp/auth_new。如代码清单 12-13 所示。

代码清单 12-13

```
/**
 * 向后台发起请求，获取用户登录态
 * iv 和 encryptedData 可有可无
 */
userLogin: function (data){
    var self = this;
    var requestData = data || {};
    requestData.authCode = self.globalData.authCode;

    self.request(
      {
        url: self.globalData.apiBaseUrl + 'miniapp/auth_new',
        data: requestData,
        success: function(res){
          self.logger("[userLogin] res:" + JSON.stringify(res));
          console.log(res);
          if(res.data.code == 0){
            self.globalData.userSessionId = res.data.data;
            wx.setStorage({
              key: "userSessionId",
              data: res.data.data
            });
          }else{
            console.error(res.data.msg);
            wx.showToast({
              title: '登录失败，需要再次登录，请关闭小程序后重新打开',
              icon: 'none',
              duration: 5000
            });
          }
        }
      }
    );
},
```

在个人中心页面，在用户单击了登录按钮或静默授权的情况下，都会调用 userLogin 方法。在“我的”页面中（pages/user/index.js），用户单击登录授权按钮之后，把 e.detail.userInfo 参数传递给 userLogin 方法进行登录。e.detail.userInfo 中包含加密后的用户信息以及解密用户信息所需要的 iv 参数。如代码清单 12-14 所示。

代码清单 12-14

```
/**
* 响应 userInfo 类型的按钮
*/
getUserInfo: function (e) {
      console.log(e);
      app.logger('[press loginBtn] begin');
      if(e.detail.userInfo !== undefined){
        app.globalData.userInfo = e.detail.userInfo;
        app.logger('[press loginBtn] agree, userInfo:' +
JSON.stringify(e.detail.userInfo));
        app.userReLogin(e.detail);// 通过后台完成数据解密
        this.setData({
          userInfo: e.detail.userInfo,
          hasUserInfo: true
        });
      }else{
        var err = '[press loginBtn] reject, errMsg:' + e.detail.errMsg;
        console.warn(err);
        app.userReject(err); // 用户选择了拒绝，后续处理
      }
}
```

当用户首次单击登录按钮时，会弹出授权确认框，如图 12-12 所示。单击“允许”则授权成功；单击“拒绝”，会向用户弹出一个提示框，如图 12-13 所示，告知用户登录的必要性，并再次让用户选择授权。这时再单击“重新授权”，可以通过 wx.openSetting 这个方法来打开客户端小程序设置页，让用户重新选择授权。不过，这个设置界面只会出现小程序已经向用户请求过的权限。例如，刚刚拒绝授权之后打开的设置页面，如图 12-14 所示。这部分逻辑定义在 app.js 的 userReject 方法中，可供多处使用，如代码清单 12-15 所示。

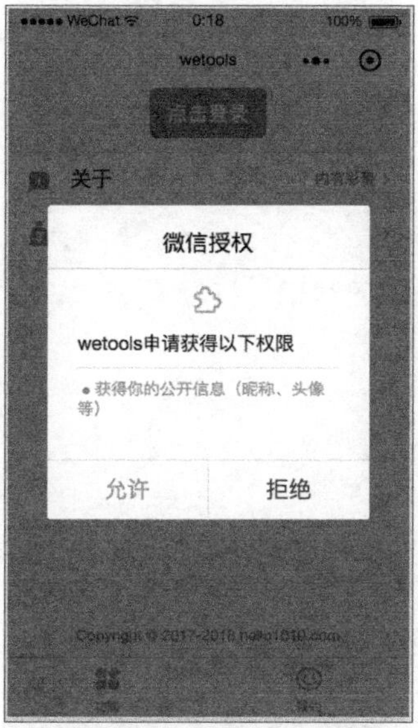

图 12-12 微信授权确认框

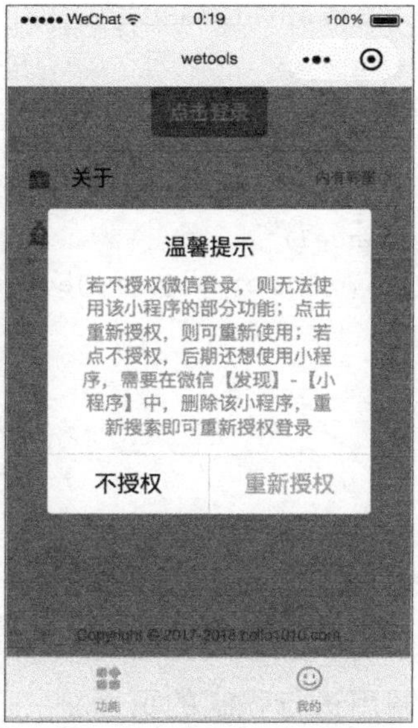

图 12-13 拒绝授权之后弹出提示框

图 12-14 打开客户端小程序的设置页

代码清单 12-15

```
/**
* 用户拒绝授权，例如获取用户信息、获取地理位置等
*/
userReject: function(res){
    var self = this;
    wx.showModal({
      title: '温馨提示',
       content: '若不授权微信登录，则无法使用该小程序的部分功能；单击重新授权，则可重新使用；若单击不授权，后期还想使用小程序，需要在微信“小程序”→“发现”中，删除该小程序，重新搜索即可重新授权登录',
      cancelText: '不授权',
      confirmText: '重新授权',
      success: function (res) {
        if (res.confirm) {
          if (wx.openSetting) {
            //再次打开授权设置
            wx.openSetting({
              success: (res) => {
                console.log('wx.openSetting, res:' + JSON.stringify(res));
                if (res.authSetting['scope.userInfo'] == true) {
                  console.log('wx.openSetting, get userInfo');
                  //再次获取用户信息，完成登录
```

```
                            self.getUserInfoAndLogin();
                        }
                    }
                });
            }
        } else if (res.cancel) {
          this.logger('wx.openSetting, reject auth again!');
        }
      }
    });
    this.logger(res);
    console.warn(res);
},
```

刚才提到，当发现用户未登录时，应对某些需要登录才能访问的页面或者接口调用进行强制的页面跳转。这里在 app.js 中封装了一个 checkLogin 方法，用来执行这些逻辑，供其他页面或方法调用。当检测到小程序本地存储中没有 userSessionId 这个值时，会认为用户未登录，此时会弹出一个对话框让其选择“确定”或“取消”，用户此时只能单击对话框的两个按钮，无法操作界面的任何其他元素，这样也就达到了某些功能只能在登录的情况才能使用的目的，如图 12-15 所示。选择“确定”按钮时，通过 wx.switchTab 的方式跳转到“我的” tab 页进行登录授权；选择“取消”按钮时，则返回上一页。如代码清单 12-16 所示。

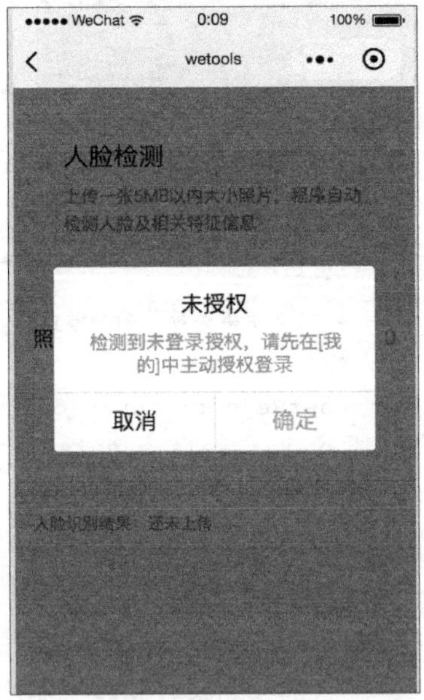

图 12-15　未授权登录时的对话框

代码清单 12-16

```
/**
* 检查是否登录，未登录则强制跳转至登录页
*/
checkLogin: function(){
    var token = wx.getStorageSync('userSessionId');
    console.log("checkLogin, userSessionId: " + token);
    if(!token){
```

```
        console.warn('not login');
        this.logger("[checkLogin] not login");
        wx.showModal({
          title: '未授权',
          content: '检测到未登录授权，请先在 [ 我的 ] 中主动授权登录',
          success: function (res) {
            if (res.confirm) {
              //this.logger("[checkLogin] press confirm");
              //把之前的所有页面都关闭
              wx.reLaunch({
                url: '/pages/user/index'
              })
            } else if (res.cancel) {
              //this.logger("[checkLogin] press cancel");
              wx.navigateBack({
                delta: 1,
              });
            }
          }
        });
      }
    }
```

以上是小程序登录的前端代码，下面来看服务端的代码。服务端的主要任务是使用授权 code 换取 session_key，然后解密用户数据，并设置用户登录状态，最后返回 Token 给小程序，相关方法在 controller/Miniapp.php 中，如代码清单 12-17 所示。

代码清单 12-17

```
/**
* 登录授权，获取用户信息，生成 Token
*/
public function auth_new(){
      log_message('debug', 'post data:' . json_encode($_POST));
      log_message('debug', 'get data:' . json_encode($_GET));

      $code = $this->input->get('authCode');
      if(empty($code)){
          response_fail(-10, "小程序授权 code 为空");
      }
```

```
        $iv = $this->input->get('iv');
        $encryptedData = $this->input->get('encryptData');
        if(empty($encryptedData)){
            $encryptedData = $this->input->get('encryptedData');
        }

        //加载配置文件
        $this->config->load('wechat');
        $this->miniapp_config = $this->config->item('mini_app_wetools');
        $appid = $this->miniapp_config['appid'];
        //①根据 code 获取 session_key，openid，unionid（绑定了开放平台才有）
        $session_data = $this->get_session_key($code);
        $user_data['session_data'] = $session_data;
        //继续获取用户敏感信息，按需获取
        if(!empty($iv) && !empty($encryptedData)){
            require_once APPPATH . 'third_party/miniapp/wxBizDataCrypt.php';

            $pc = new WXBizDataCrypt($appid, $session_data['session_key']);
            //②根据 session_key 解密用户数据
            $err_code = $pc->decryptData($encryptedData, $iv, $user_data);
            if($err_code != ErrorCode::$OK){
                log_message('error', "miniapp decryptData error, code :" . $err_code);
                response_fail(-10, "小程序用户数据解密失败");
            }

            $user_data = json_decode($user_data, true);
            $user_data['session_data'] = $session_data;
            log_message('debug', 'get miniapp user data:' . json_encode($user_data) .
',openid:' . $session_data['openid']);
        }

        //③生成登录 Token
        $login_token = md5($session_data['openid'] . time() . [__CLASS__]);
        $this->cache->save("login_token_" . $login_token, $user_data, 172800); //2 days

        log_message('debug', 'save, miniapp session id:' . session_id());

        response_ok($login_token);
    }
    /**
    * 通过 code 获取解密数据所需的 session_key
    * @param $code
```

```
    * @return mixed
    */
    public function get_session_key($code){
    //{"session_key":"X6Tu1CJ1nxk6PfpI+prUAw==","expires_in":2592000,"openid":"oHy7q0H
CzcrsEGUlCyipWxaaRVis"}
            $appid = $this->miniapp_config['appid'];
            $appsecret = $this->miniapp_config['appsecret'];
            $this->load->library('myapi');
            $data =
    MyApi::excute("https://api.weixin.qq.com/sns/jscode2session?appid={$appid}&s
ecret={$app secret}&js_code={$code}&grant_type=authorization_code", null, 'GET');
            log_message('debug', 'get miniapp session data:' . json_encode($data));
            return $data;
    }
```

这里使用了微信官方提供的加解密类库，它在 third_party/miniapp 目录下。

> **注意**
>
> 通过小程序用户授权获取的用户信息，是经过加密处理的，解密时需要用到 AppID、初始化向量 iv 和会话密钥 session_key。会话密钥是在开发者服务器通过接口获取的，它是解密用户信息的一个重要参数。由于加密数据 encryptedData、初始化向量 iv 及 AppID 都会暴露在客户端，唯独 session_key 是在开发者服务器获取并使用的，因此，为了自身应用安全，强烈建议不要在网络上传输会话密钥 session_key。这也是微信官方的推荐做法。

在个人中心页面，用户单击登录按钮之后，会弹出授权框。通过小程序控制台的日志输出也可以看出一次完整的登录授权大致流程，如图 12-16 所示。

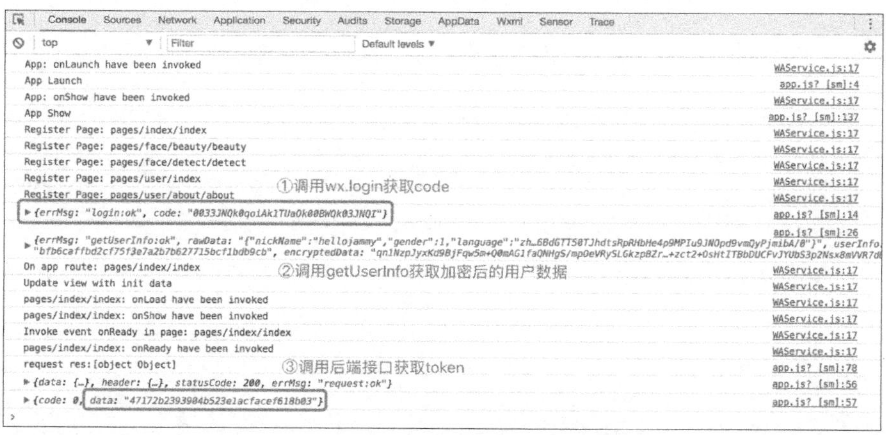

图 12-16 小程序完整登录授权的日志输出

登录成功后，Token 存储在小程序本地缓存中，在 Storage 这个 tab 页中可以查看到 userSessionId 这个 Key 对应的 Value 就是我们存储的 Token，如图 12-17 所示。

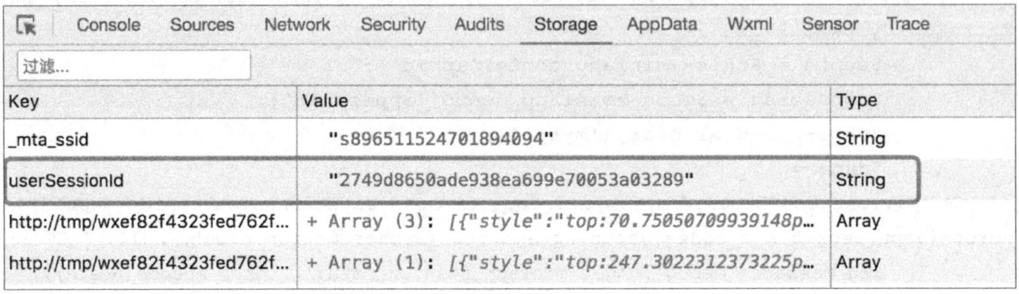

图 12-17　登录之后的 Token 存储

12.5　小结

本章借助 Face++ 的接口功能，实现了一个具有人脸识别功能的小程序。涉及的知识点主要有视图组件、网络请求、本地存储以及事件响应等。本章对小程序登录授权、图片上传、图片等比例缩放以及页面元素的定位等关键功能进行了重点讲解，同时，对小程序与后端接口的安全交互方面也进行了探讨。

第13章 服务器运维

本章主要介绍服务器运维的相关知识，以及搭建一个具有独立域名的博客站点的所有准备工作，包含域名申请、域名备案、服务器购买及环境搭建、服务器监控以及应对服务器并发访问的一般处理方法。

13.1 站点搭建

对于一些极客用户来说，在第三方博客平台写博客可能会受到各类限制，例如不能拥有自己的独立域名、博客模板有限、自定义程度不够高、收费问题等。他们希望能拥有自己的域名，站点内容能完全自定义，甚至可以自己编写博客框架代码。于是，极客们便走上了一条搭建博客的折腾之路。接下来，将带领大家从零开始，一步一步搭建自己的博客，并拥有自己的独立域名。

13.1.1 域名申请及配置

首先要申请一个域名（Domain Name）。域名就相当于是一个人的身份证号，通过这个标识就能找到某个人。同样，通过在浏览器输入域名就能访问到唯一的站点。

域名是一串用点分隔的名字组成的因特网上某一台计算机（或计算机组）的名称，它是 IP 地址的一个别称。世界上第一个域名是在 1985 年注册的。域名都有一个后缀，常见的域名后缀有 .com、.cn、.edu、.cc 和 .gov。

域名的注册遵循先申请先注册原则。因此，在网络上域名是一种相对有限的资源，简短好记的域名早已被注册。在新的经济环境下，域名所具有的商业价值已经远远超越了其技术价值。一个好的域名，可以成为企业参与国际市场竞争的重要手段，是企业无形资产的一部分。

不过，对于个人而言，域名的重要性可能没那么大。可以在条件允许范围内尽量选取自己心仪的域名。申请域名的第三方平台也有不少，例如万网和腾讯云 DNSPOD 等。在平台方可以查询到要注册的域名是否被注册，假如未被注册，则可以进行购买。如图 13-1 所示，查询了一个域名，发现已经被注册了，其他后缀的域名假如显示为未注册则可申请注册。域名购买成功后，可能需要进行实名认证，否则会影响域名的正常解析及使用。

图 13-1　域名查询及购买

域名申请成功后，需要对域名进行解析，即完成“域名”→“IP 地址解析”的过程。新增 A 记录，并解析 www 和 @ 两种记录类型，以确保用户通过 www.hello1010.com 和 hello1010.com 两种方式都能访问到站点，如图 13-2 所示。

记录类型	主机记录	解析线路(运营商)	记录值
A	wx	默认	139.199.73.130
A	www	默认	139.199.73.130
A	@	默认	139.199.73.130
A	static	默认	139.199.73.130

图 13-2 域名解析配置

13.1.2 域名备案

对于没有经过备案的网站，用户访问站点时，有可能被接入商阻断并跳转到固定页面（提醒您尽快完成备案）。通常个人域名只需要做 ICP（Internet Content Provider）备案。

通俗来讲，就是要开办网站必须先办理网站备案，备案成功取得通信管理局下发的 ICP 备案号后才能开通访问。关于网站备案，有以下几个常见问题需要明确。

- 备案只针对一级域名：一级域名备案后其对应的二级域名、三级域名均可正常使用。
- 转入备案：根据国家相关规定，如果在 A 云服务接入商购买服务器并成功办理了网站备案，当需要在 B 云服务接入商重新搭建一套站点时，原来的备案信息需要同时转入 B 云服务接入商。此过程称为转入备案，不需要重新走备案的完整流程，只需要在 B 云服务接入商提交申请即可。

备案的流程不复杂，主要是需要等待信息管理部审核。主要流程：验证备案类型→填写备案信息→上传资料 / 办理牌照→等待信息管理局审核→备案成功。

其中“上传资料 / 办理牌照”这一步骤需要备案主体人到指定照相点进行拍照并提交认证，或者免费申请拍照画布自行拍照上传。前 3 个步骤都可以在接入商后台完成，第 4 个步骤需要等待信息管理部审核，等待时间通常为 20 个工作日。转入备案不需要再经过第 4 个步骤。详细的备案步骤可参考所选购的域名接入商的备案介绍。

13.1.3 服务器购买

域名申请成功后，需要把域名指向网络上某台计算机的 IP 地址。要拥有外网的 IP 地址，则需要在云服务提供商上购买云主机。这里选择的是腾讯云提供的服务。注册腾讯云账号并登录后台，选择“云服务器”→“云主机”，单击“新建”进入云主机配置选择页面，如图 13-3 所示。

图 13-3 选购云主机配置

读者可以根据自身站点的访问量来选择相应的配置。通常情况下，一个日均 PV 在几万以下的博客网站或小型 Web 站点，标准型一核 1GB 就足够使用，操作系统可以选择 CentOS，数据盘可以根据自身需要选择大小。另外，建议选购云硬盘，以方便后续的服务器配置升级。

配置选择完毕后，下单付款即可完成服务器的购买。之后腾讯云会自动创建云主机并初始化系统，同时分配公网 IP 地址，如图 13-4 所示。

图 13-4　服务器购买后自动分配公网 IP 地址

13.1.4　登录服务器

有了服务器之后，还需要登录到远程服务器进行配置。假如使用的是苹果计算机的 macOS X 操作系统，则可以直接使用系统自带的终端通过 SSH 命令登录，也可以借助第三方工具进行登录，这类工具会提供多会话连接和会话保持的功能。下面分别对 Windows 系统和 macOS X 系统下不同的登录管理工具进行介绍。

➢ Windows 系统：可以使用 SecureCRT。下载软件后，进行简单的设置，使用 SSH2 协议登录，需要填写服务器 IP 地址、登录用户账号、登录密码（或者密钥）和端口号，如图 13-5 所示。

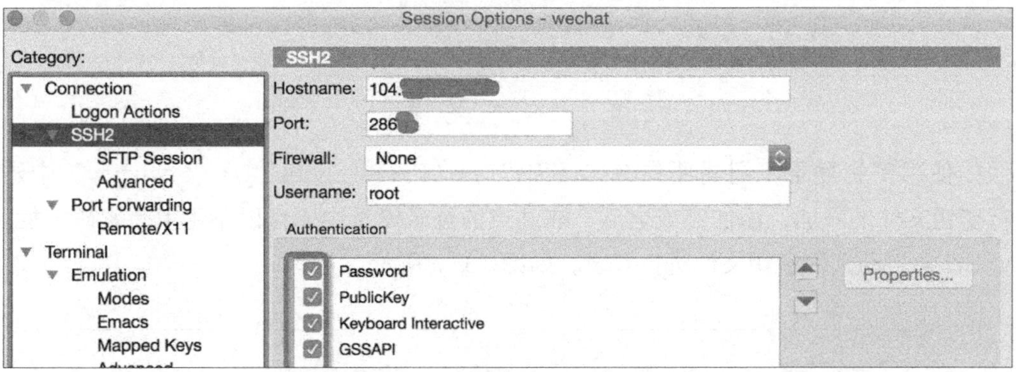

图 13-5　SecureCRT 登录设置

另外，使用 SecureCRT 也可以直接上传和下载文件，不过需要在登录服务器后安装 lrzsz。

```
yum install -y lrzsz
```

这样就可以通过命令来上传和下载。

```
// 下载 test.txt 文件
sz test.txt
// 上传文件，会弹出一个文件选择框
rz -e -y
```

上传和下载文件的默认目录是可以设置的，在 SecureCRT 中选择“Session Options”→“Terminal”→“X/Y/Zmodem”，这可以在 Upload 和 Download 里进行设置。设置完后需要重新连接一次服务器才会生效。SecureCRT 只适合上传单个文件或者压缩包，对于上传多个文件的情况，建议使用 FTP 工具来完成，稍后将进行介绍。

macOS X 系统：可以使用 vSSH，如图 13-6 所示，填写好必要信息后连接。假如端口号使用的是默认端口 22，则可不填。另外，在 macOS X 系统下也可以使用 SecureCRT。

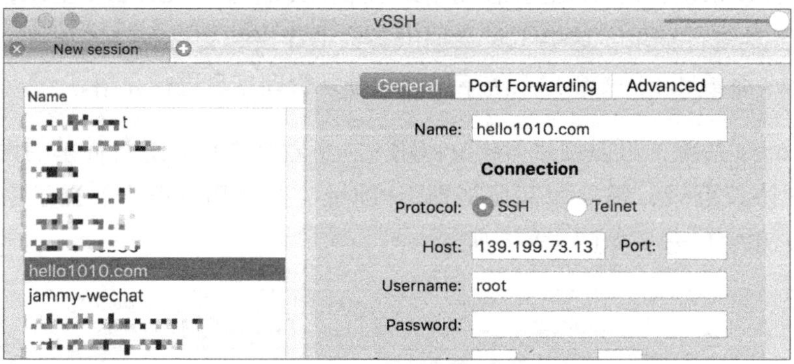

图 13-6　vSSH 登录设置

假如使用密钥登录，则需要先在“vSSH”→“Preferences”→“Security”中进行密钥文件的添加，添加完成之后，在站点的登录设置中，可以不用填写密码一栏，vSSH 会自动读取密钥文件进行登录，如图 13-7 所示。

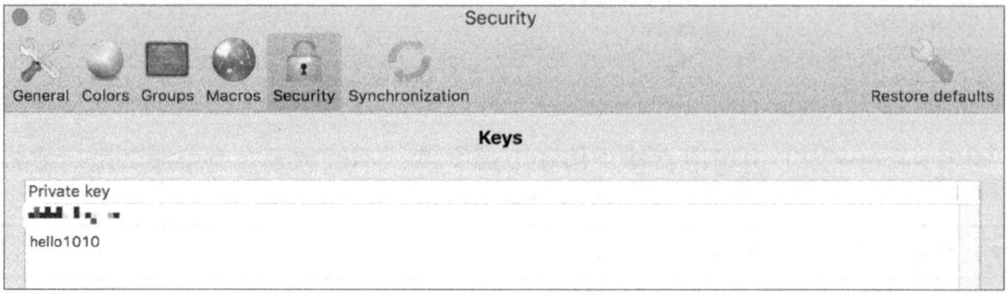

图 13-7　vSSH 中添加密钥

默认情况下，登录到服务器后，假如未与服务器交互，则工具会自动与服务器断开连接，这个现象与 Web 站点的 Session 会话失效类似，这不利于高效地管理服务器。可以通过设置来保持会话链接，方法是依次进入“vSSH”→“Preferences”→“General”，勾选“TCP keepalive”项，如图 13-8 所示。

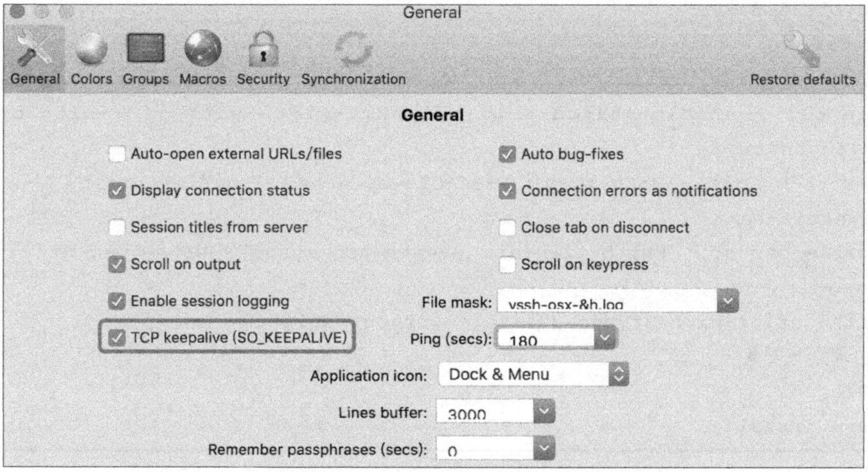

图 13-8 vSSH 会话保持连接

13.1.5 服务器环境搭建

现在已经能正常登录到服务器了。接下来，介绍如何搭建运行站点的必要环境。这里以 Linux 下 LAMP 的经典环境搭建为例，介绍如何从一个初始的操作系统搭建完整的能运行站点程序的环境。整个过程都可以使用 CentOS 下的 yum 命令来简化安装。

① 安装 Apache。

```
// 通过 yum 安装 Apache
yum install httpd
// 设置 Apache 为自启动
chkconfig -add httpd
```

② 编译安装 PHP。

```
// 安装依赖文件
yum groupinstall "Development tools"
```

```
yum install libxml2-devel gd-devel libmcrypt-devel libcurl-devel openssl-devel
// 下载 PHP 安装包，读者也可以选择其他版本 PHP 进行安装
wget http://us3.php.net/get/php-5.6.29.tar.gz/from/cn2.php.net/mirror
// 解压
tar -xvf php-5.6.29.tar.gz
// 假如目录开始配置
cd php-5.6.29
// 配置
./configure --prefix=/usr/local/php --with-apxs2=/usr/local/apache/bin/apxs --
disable-cli --enable-shared --with-libxml-dir --with-gd --with-openssl
--enable-mbstring
--with-mysqli --with-mysql --enable-opcache --enable-mysqlnd --enable-
zip --enable-fpm --
enable-fastcgi --with-zlib-dir --with-pdo-mysql --with-jpeg-dir --with-
freetype-dir --
with-curl --without-pdo-sqlite --without-sqlite3
// 编译和安装
make
make install
```

假如后续要安装 Nginx，则需要开启 --enable-fpm 和 --enable-fastcgi 这两个编译选项，Nginx 是通过 php-fpm 来与 PHP 通信以解析 PHP 脚本文件的，安装 php-fpm 则需要 --enable-fpm 和 --enable-fastcgi。PHP 5.3 开始集成了 php-fpm，之前的版本没有，需要单独安装。

③ 安装 MySQL。

```
yum install mysql mysql-server
// 开机启动
chkconfig --levels 235 mysqld on
/etc/init.d/mysqld start
```

在 CentOS 7.0 中安装 MySQL，可以在 MySQL Yum Repository 找到 yum 安装源。

```
wget http://dev.mysql.com/get/mysql-community-release-el7-5.noarch.rpm
rpm -ivh mysql-community-release-el7-5.noarch.rpm
yum install mysql-community-server
```

接下来设置 MySQL，按提示操作即可。

```
mysql_secure_installation
```

重启 Apache 和 MySQL。

```
service httpd restart
service mysqld restart
```

为了方便管理 MySQL 数据库，可以借助客户端或者网页版管理工具。phpMyAdmin 是一个比较常用的网页端数据库管理系统。下载后解压并进行简单配置后即可使用。

```
// 下载 phpMyAdmin
wget https://files.phpmyadmin.net/phpMyAdmin/4.4.10/phpMyAdmin-4.4.10-all-languages.zip#!md5!f1326cf75cebbd2364317fb6885d06ae

// 解压
unzip phpMyAdmin-4.4.10-all-languages.zip

// 重命名
mv phpMyAdmin-4.4.10-all-languages phpmyadmin
// 配置文件
cd phpmyadmin
cp config.sample.inc.php config.inc.php
// 修改配置文件:
vim config.inc.php
```

找到以下两行代码。

```
$cfg['blowfish_secret'] = '';
$cfg['Servers'][$i]['host'] = 'localhost';
```

改为以下形式。

```
// 自己设置自己的 secret
$cfg['blowfish_secret'] = 'secret_hellojammy';
// 可以先不改这个，登录报错后再尝试修改
$cfg['Servers'][$i]['host'] = '127.0.0.1';
```

接下来，可以通过 phpMyAdmin 登录数据库进行管理。

④ 配置 Apache。

有了域名后，需要绑定域名和服务器站点，这个绑定是通过 Web 服务器来完成的，这里通过 Apache 来完成。进入 etc/httpd/conf，找到 httpd.conf 目录，在文件最后新增以下配置。

```
<VirtualHost *:80>
  DocumentRoot "/var/www/html/hello1010.com/"
  ServerName www.hello1010.com
  ServerAlias hello1010.com
  ErrorLog "logs/www.hello1010.com-error_log"
  CustomLog "logs/www.hello1010.com-access_log" common
  <Directory "/var/www/html/hello1010.com/">
      Options -Indexes FollowSymLinks Includes ExecCGI
      AllowOverride All
      Order deny,allow
      Allow from all
  </Directory>
</VirtualHost>
```

另外，需要开启 Apache 的虚拟目录功能。

```
NameVirtualHost *:80
```

配置之前，要确保目录 var/www/html/hello1010.com/ 存在。配置完成之后重启 Apache，就可以通过 www.hello1010.com 域名来访问站点了。

13.2 服务器监控

站点搭建起来后，为了保证站点的稳定和可用，并实时了解服务器各项参数，需要对服务器进行监控。

13.2.1 常用 Linux 命令

熟悉 Linux 命令的使用后可以对服务器进行监控和维护。下面列举一些常用的 Linux 服务器命令。

1. 磁盘相关

```
查看磁盘使用情况，能看到磁盘的使用率等信息
```

```
df -h
按目录深度查看目录大小，在我的 Mac 上参数 --max-depth=1 无效，不知何故
du -h --max-depth=1 /usr/
查看目录下文件大小
du -sh *
复制目录 A 下所有文件到目录 B
cp -R /A/. /B
```

2. 解压缩

```
解压 zip 文件到指定目录
// 解压 test.zip 目录下的文件到 test 目录，可以不指定 -d 参数
unzip test.zip -d test
压缩
// 压缩 test 目录为 test.zip 文件
zip -r test.zip test/
解压源码 gz 文件
tar -zxvf wordpress-3.2.1.tar.gz
```

3. 文件权限相关

```
查看文件权限
ls -l
查看文件访问时间、修改时间。这里看不到创建时间
stat test.txt
修改文件属性
u: 属主  o: 其他用户  g: 当前用户所在的组  r: 读 w: 写 x: 执行
chmod u+rwx,o+rwx,g+rwx note.txt
// 等效于
chmod a+rwx note.txt
// 也等效于
chmod 777 note.txt
修改文件夹下所有文件的属性
chmod -R 777 app/
//// 改变 app 目录下所有以 a-z 开头的文件。app 目录本身的权限不变
chmod -R 644 app/.[a-z]*
```

4. 常见的监控命令

Glances 可通过 yum install glances 安装，它是一款基于 CLI curses 库的监控工具，如图 13-9 所示。该命令可以显示服务器的 CPU 和内存使用率，实时反馈服务器的运行状况。

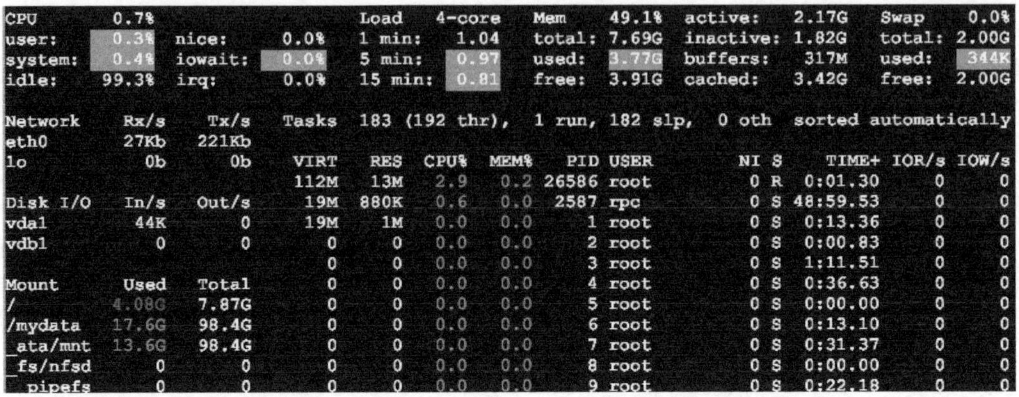

图 13-9　glances 服务器监控效果

ApacheTop 通过 yum install apachetop 安装，它用来展示 Web 服务器实时统计数据。

htop 通过 yum install htop 安装，它是交互式进程查看器。

5. 其他命令

设置服务器时间，输入以下命令后，按照提示操作即可。

```
tzselect
查看已使用端口情况
netstat -ntlp
查看某端口使用情况
netstat -lnp | grep :9000
查看进程情况
ps -elf
实时显示日志，对于调试程序很有帮助
tail -f wxchat.log
复制公钥，复制后，公钥信息在剪切板里
pbcopy < ~/.ssh/id_rsa.pub
服务器抓包
//80 端口的抓包
tcpdump -Xnlp port 80
建立软链接
// 在控制台执行 php 时默认使用的是系统的 php 版本，可以建立软链接到 MAMP 的 php
sudo ln -s /APPlications/MAMP/bin/php/php5.6.10/bin/php /usr/bin/php

// 查看目录下的所有软链接
find /usr/bin -type l -exec ls -l {} \;
```

13.2.2 Zabbix 监控系统

Zabbix 是一个基于 Web 界面，提供分布式系统监控以及网络监视功能的企业级开源解决方案。Zabbix 能监视各种网络参数，保证服务器系统的安全稳定运营。Zabbix 也提供了灵活的通知机制，让系统管理员能快速定位 / 解决问题。

Zabbix 由 Zabbix server 与可选组件 Zabbix agent 两部分组成。Zabbix server 可以通过 SNMP、Zabbix agent、Ping 端口监视等方法提供对远程服务器 / 网络状态的监视、数据收集等功能，可以在 Linux、Solaris、HP-UX、AIX、FreeBSD、Open BSD 和 mac OS X 等操作系统中运行。

Zabbix 学习成本低，配置简单，并且免费开源。Zabbix 的搭建流程读者可以在互联网上搜索或参考相关资料。图 13-10 所示是本书中搭建的 Zabbix 监控系统的 Dashboard。

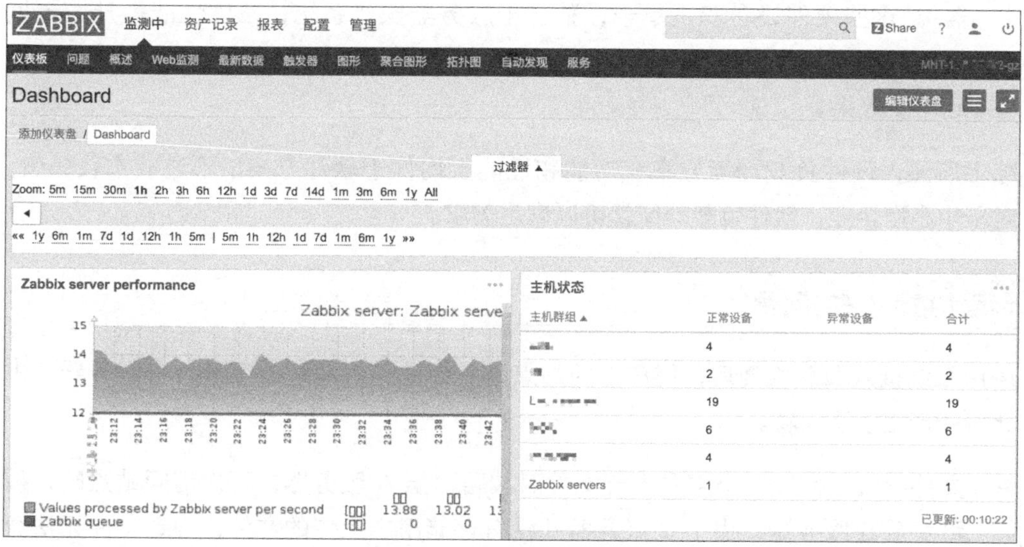

图 13-10 Zabbix 监控系统

13.3 负载均衡

当站点的访问量不大，例如日均 PV/UV 在 10 万以下时，通常只要一台性能较好的服务器就可以维持站点的可访问性。但是当访问量增加时，依旧使用单台服务器就显得有些捉襟见肘了，因为每台服务器的软硬件资源是有限的。再者，使用单台服务器也有一定的风险，当服务器因为软硬件故障不可访问时，将直接影响到用户体验。这些问题，可以通过使用负载均衡技术从一定程度上来解决。

负载均衡（Load Balance）是分布式系统架构设计中必须考虑的因素之一，它通常是指将请求 / 数据均匀地分摊到多个操作单元上执行。负载均衡的关键在于均匀。负载均衡可以通过流量分发扩展应用系统对外服务的能力，通过消除单点故障提升应用系统的可用性。

负载均衡的解决方案有多种，在这里只探讨软 / 硬件解决方案。

- 软件方案：在一台或多台服务器上安装一个或多个附加软件来实现负载均衡，例如 DNS Load Balance、ConnectControl 等。这种方案的特点是配置简单、使用灵活、成本低廉。不过，因为是用软件来实现负载均衡的，所以软件本身也需要消耗一定的系统资源，并成为服务器的不稳定因素之一。
- 硬件方案：在服务器和外部网络之间安装负载均衡设备（通常称为负载均衡器）。这些硬件设备职责单一，独立于服务器操作系统，整体性能提升，再加上多样化的负载均衡策略、智能化的流量管理，综合情况下可以达到较优的负载均衡效果。

综上所述，硬件负载均衡方案在功能和性能上均优于软件方案，不过成本较昂贵。对于中小型企业，软件负载均衡就可以满足需求。

负载均衡带来的问题

应用系统接入负载均衡后，用户访问站点时，会被随机地路由至某一台服务器。由此可能产生以下问题。

- 文件存储：假设一个用户上传文件时被路由至 A 服务器，再次访问站点时，被路由至 B 服务器，由于 B 服务器并没有存储用户上传的文件，导致文件无法获取。当然，也可以做一些补救措施，例如在多台负载服务器之间实时同步文件，但这并不是一种很好的解决方案。建议的解决方案是，把文件存储在云服务器，例如使用腾讯云的文件存储，可以通过调用上传文件接口来获取文件的存储地址，在数据库中只要存储文件的 URL 地址即可。借助腾讯云这类云服务提供商，还可以实现文件的防盗链和 CDN（Content Delivery Network）。
- 用户会话：用户会话的默认存储方式通常是文件，因此也会产生会话丢失的情况。建议的解决方案是使用 Redis 或其他缓存来存储用户会话。例如，在 CI

的 system 文件夹中对 config.php 文件进行简单的配置，就可以将站点的会话存储在 Redis 中。

```
//指定会话存储方式为 Redis，默认为 files
$config['sess_driver'] = 'redis';
//IP_ADRESS 为 Redis 服务器 IP 地址，REDIS_PASSWORD 是访问 Redis 的密码，prefix 是 Session
的 key 的前缀
$config['sess_save_path']
'tcp://IP_ADDRESS:6379?auth=REDIS_PASSWORD&prefix=ci_sess:&timeout=10';
```

➢ 代码分发：只有一台服务器时，代码发布很简单，通过 FTP 发布一台服务器的代码即可，也可以使用 SVN（Subversion）直接拉取代码。但是当有多台服务器之后，由于无法通过人工的方式做到同时发布多台服务器代码，因此在一定时间内，多台负载均衡服务器的代码可能会不同步。很多企业会自研发布系统，其中一个很重要的功能就是代码的分发功能。

接下来介绍一个 inotify+rsync 的实时同步方案，该方案可以应用于文件备份、多台负载服务器代码同步等场景。

Inotify 是 Linux 内核 2.6.13 版本引入的文件系统变化通知机制。因此，需要检查服务器版本是否支持 Inotify 机制。

```
grep INOTIFY_USER /boot/config-$(uname -r)
```

假如输出以下内容则代表支持。

```
CONFIG_INOTIFY_USER=y
```

接下来安装 inofity-tools 工具包。

```
yum install inotify-tools
```

假设有 3 台服务器 A、B 和 C，3 台服务器是应用层负载服务器，站点所在目录结构一致。现在要实现只发布代码到 A 服务器，自动同步代码到 B 和 C 服务器。首先需要让 A 服务器可以通过公钥方式登录到 B 和 C，执行以下 3 步。

① 在 A 服务器生成一对公钥和密钥。可使用 ssh-keygen -t rsa 生成，按提示操作即可。

② 进入密钥文件夹（cd-/.ssh）查看文件。其中 idrsa.pub 是公钥，idrsa 是私钥。

③ 打开 id_rsa.pub 文件，并把它的内容复制到 B 和 C 服务器的 root/.ssh/authorized_keys 文件中。假如 root/.ssh 目录下没有 authorized_keys 文件，则新建一个文件。

现在，在 A 服务器就可以直接通过 ssh 命令实现无密码登录了。

```
// 指定端口号 , 把 ip_address 替换成你的 IP 地址
ssh root@ip_address -p 27631
// 默认端口号
ssh root@ip_address
编写以下脚本:

#!/bin/sh #var
src="/var/www/html/t/" des_ip="ip_address1 ip_address2"

#function inotify_fun ()
{

/usr/bin/inotifywait -mrq --timefmt '%Y%m%d-%H:%M' --format '%T %e %w%f' \
-e attrib,close_write,delete,create,modify,move $1|while read time file
do
for ip in $des_ip do
echo $des_ip
echo "`date +%Y%m%d-%T`: rsync -avzq --delete --progress $1 root@$ip:$1" rsync-
avzrtopgq --delete --progress $1 root@$ip:$1
#echo done done
}

#main
for a in $src do
inotify_fun $a

done
```

将 des_ip 中的 ip_address1 和 ip_address2 替换成实际的 IP 地址，用空格隔开多个 IP 地址。src 是需要实时同步的目录，源服务器和目标服务器的目录结构一致。至此，运行一次脚本即可启动服务，实现在多台服务器之间分发代码。

13.4 小结

本章的内容与微信公众平台的开发并无直接关联，但也可供服务器运维人员参考。本章介绍了从申请域名到站点发布的整个流程，并介绍了服务器监控和负载均衡的解决方案。应对站点高访问量的方法涉及从系统架构，到应用层接入，再到后端存储和缓存以及代码优化等多方面。